5G与AI技术大系

5G时代的
AI技术应用详解

亚信科技（中国）有限公司　编著

清华大学出版社

北　京

内 容 简 介

本书结合大量实际案例，全面且详细地介绍了企业在 5G 时代应该如何应用 AI 技术来提升生产、运营和管理能力。全书共分为三篇：第一篇为基础与网络篇，包括第 1～4 章，主要介绍如何将 AI 技术应用于网络智能切片、物联网和 5G 网络多量纲计费业务场景中；第二篇为客户与管理篇，包括第 5～8 章，以客户体验管理、客户关系管理、企业业务流程管理、企业商业智能决策四大典型应用场景为例，详细介绍如何通过 AI 技术提升企业的管理效能；第三篇为运维与安全篇，包括第 9～12 章，其中第 9～11 章分别介绍 AI 技术应用于网络智能运维、机房智慧管控、智能安防的应用案例，第 12 章则对 AI 能力平台化的建设、沉积等内容进行详细论述，并给出 AI 平台建设的理念、功能设计和技术设计建议。

本书可供通信行业和其他行业的 IT 从业人员，以及科研人员、高校师生阅读和参考。

图书在版编目(CIP)数据

5G 时代的 AI 技术应用详解 / 亚信科技（中国）有限公司编著 . —北京：清华大学出版社，2020.10

（5G 与 AI 技术大系）

ISBN 978-7-302-56532-1

Ⅰ . ① 5… Ⅱ . ①亚… Ⅲ . ①蜂窝式移动通信网—应用②人工智能—应用
Ⅳ . ① TN929.53 ② TP18

中国版本图书馆 CIP 数据核字 (2020) 第 182918 号

责任编辑：王中英
版式设计：方加青
责任校对：徐俊伟
责任印制：宋　林

出版发行：清华大学出版社
　　　　　网　　　址：http：//www.tup.com.cn，http：//www.wqbook.com
　　　　　地　　　址：北京清华大学学研大厦 A 座　　　　　邮　　　编：100084
　　　　　社 总 机：010-62770175　　　　　　　　　　　　邮　　　购：010-83470235
　　　　　投稿与读者服务：010-62776969，c-service@tup.tsinghua.edu.cn
　　　　　质 量 反 馈：010-62772015，zhiliang@tup.tsinghua.edu.cn
印 装 者：小森印刷霸州有限公司
经　　　销：全国新华书店
开　　　本：170mm×240mm　　　印　　张：17.75　　　字　　数：301 千字
版　　　次：2020 年 11 月第 1 版　　　印　　次：2020 年 11 月第 1 版
定　　　价：79.00 元

产品编号：089887-01

丛书序

  2019 年 6 月 6 日，工信部正式向中国电信、中国移动、中国联通和中国广电四家企业发放了 5G 牌照。这意味着中国正式按下了 5G 商用的启动键。可以想见，在未来的若干年干中，万众瞩瞩的 5G 将与人工智能、云计算、大数据、物联网等新技术一起，改变个人生活，催生行业变革，加速经济转型，推动社会发展，真正打造一个"万物智联"的多维世界。

  5G 将带来个人生活方式的迭代。更加畅快的通信体验、无处不在的 AR/VR、智能安全的自动驾驶……这些都将因 5G 的到来而变成现实，给人类带来更加自由、丰富、健康的生活体验。

  5G 将带来行业的革新。受益于速率的提升、时延的改善、接入设备容量的增加，5G 触发的革新将从通信行业溢出，数字化改造得以加速，新技术的加持日趋显著，新的商业模式不断涌现，产业的升级将让千行百业脱胎换骨。

  5G 将带来多维的跨越。C 端消费与 B 端产业转型将共振共生。"4G 改变生活，5G 改变社会"，5G 时代，普通消费者会因信息技术再一次升级而享受更多便捷，千行百业的数字化、智能化转型也会真正实现，两者互为表里，互相助推，把整个社会的变革提升到新高度。

  2019 年是 5G 元年，也是亚信科技（北京）有限公司（简称亚信科技）上市后的第一个财年。作为国内领先的软件与服务提供商、云网一体管理服务提供商，亚信科技紧扣时代发展节拍，积极拥抱 5G、云计算、大数据、人工智能、物联网等先进技术，与业界客户、合作伙伴共同建设 5G+X 的生态体系，为 5G 赋能千行百业、企业数字化转型、产业可持续发展积极做出贡献。

  在过去的一年中，亚信科技继续深耕电信业务支撑软件与服务（Business

Supporting System，BSS）的优势领域，为三大运营商的 5G 业务在中华大地全面商用提供了强有力的支撑。

亚信科技将能力延展到 5G 网络 Operation Supporting System（OSS）领域，公司打造的 5G 网络智能化产品在三大运营商取得了多个商用局点的突破与落地实践，在帮助运营商优化 5G 网络环境、提升 5G 服务体验的同时，公司也迈出了拓展 OSS 领域的坚实一步。

亚信科技在数字化运营的 Data-Driven Software as a Service（DSaaS）这一创新业务板块也取得了规模化突破。在金融、交通、能源、政府等多个领域，帮助行业客户打造"数智"能力，用大数据和人工智能技术，协助他们获客、活客、留客，改善服务质量，实现行业运营数字化转型。

亚信科技在垂直行业市场服务领域进一步拓展，行业大客户版图进一步扩大，公司与云计算的各头部企业达成云 MSP 合作，持续提升云集成、云 SaaS、云运营能力，并与他们一起，帮助邮政、能源、交通、金融、零售等数十个大型行业客户上云、用云，降低信息化支出，提升数字化效率。

亚信科技同时积极强化、完善了技术创新与研发的体系和机制。在过去的一年中，多项关键技术与产品获得了国际和国家级奖项，诸多技术组合形成了国际与国家标准。5G+ABCDT 的灵动组合，重塑了包括亚信科技自身在内的行业技术生态体系。"5G 与 AI 技术大系"丛书是亚信科技在过去几年中，以匠心精神打造我国 5G 软件技术体系的创新成果与科研经验的总结。我们非常高兴能将这些阶段性成果以丛书的形式与行业伙伴们分享与交流。

我国经历了从 2G 落后、3G 追随、4G 同步，到 5G 领先的历程。在这个过程中，亚信科技从未缺席。在未来的 5G 时代，我们将继续坚持以技术创新为引领，与业界合作伙伴们共同努力，为提升我国 5G 科技和应用水平、为国家新基建和全行业数字化转型贡献力量。

2020 年 9 月于北京

前　言

2019 年 6 月 6 日，工信部正式向中国电信、中国移动、中国联通、中国广电发放了 5G 商用牌照，标志着我国开启了真正意义上的 5G 商用元年。而 2020 年年初，国家新基建宏观政策则更是将 5G 列为了需要重点发展的七大关键领域之首。

很显然，5G 的快速发展将使企业面临全新的发展环境，新技术、新网络和新业务的变革，为各行业带来了全新的发展机遇和挑战。如何在 5G 时代更好地规划网络以支撑业务应用？如何在降本增效的同时提升客户服务感知？如何科学合理地设计多量纲的计费模式？如何实现业务决策和业务流程的智能化。这些单纯依靠传统的方式已经无能为力，将 AI 技术应用于 5G 业务场景中、解决企业的运营管理问题，已成为大势所趋。但如何将 AI 技术应用到纷繁复杂的业务场景中，却是企业面临的一个非常实际的问题。

本书系统介绍如何将 AI 与 5G 技术相结合，应用于 5G 智能网络、5G 切片、物联网、Massive MIMO、CEM（客户体验管理）、CRM（客户关系管理）、5G 智能多量纲计费、商业智能分析、智能安防等 5G 业务场景中。

全书共分为三篇：第一篇为基础与网络篇，包括第 1 ～ 4 章，主要介绍如何将 AI 技术应用于网络智能切片、物联网和 5G 网络多量纲计费业务场景中；第二篇为客户与管理篇，包括第 5 ～ 8 章，以客户体验管理、客户关系管理、企业业务流程管理、企业商业智能决策四大典型应用场景为例，详细介绍如何通过 AI 技术提升企业的管理效能；第三篇为运维与安全篇，包括第 9 ～ 12 章，其中第 9 ～ 11 章分别介绍 AI 技术应用于设备智能运维、机房智慧管控、智能安防的应用案例，第 12 章则对 AI 能力平台化的建设、沉积等内容进行详细论述，并给出 AI 平台建设的理念、功能设计和技术设计建议。

与市场上介绍 5G 和 AI 的其他图书相比，本书具有如下特色。

（1）定位明确。本书定位于 AI 技术与应用的有机结合，在应用中详细分析技术。本书非常透彻地分析了企业在 5G 时代面临的市场环境、发展机遇与挑战，并通过大量的技术细节，详细论述了企业在面对这些机遇和挑战时，应如何通过技术手段注智业务场景，并辅以详细的应用案例。

（2）技术先进。本书各章节中涉及的技术均为目前国内外 AI 领域的前沿技术，同时参考了亚信科技（中国）有限公司发表于国际权威学术刊物上的多篇学术论文，读者通过阅读本书，可以对 5G 时代 AI 前沿技术的应用有更加充分的了解。

（3）注重实战。本书中的技术应用实例大部分是亚信科技（中国）有限公司近年来在生产过程中积累的实际应用案例，实践性强。

本书由亚信科技通信人工智能实验室编写，编写组成员包括欧阳晔博士、孟祥德、白世明、杨爱东博士、薛明博士、曾树明博士、经琴、蒋炜、李红霞、宋勇、龚福才等。

由于编者水平有限，更兼时间和精力所限，书中不足之处在所难免，若蒙读者诸君不吝告知，必将不胜感激。

编者

2020 年 8 月于北京

目 录

第一篇 基础与网络篇

第二篇 客户与管理篇

第三篇　运维与安全篇

第一篇

基础与网络篇

第 1 章　　"5G+AI" 概述

2019 年 6 月 6 日，工信部正式向中国电信、中国移动、中国联通、中国广电发放 5G 商用牌照，标志着我国正式进入 5G 商用元年。我国成为继韩国、美国、瑞士、英国等国家后，全球首批提供 5G 商用服务的国家。中国通信产业迈出了"1G 空白、2G 跟随、3G 突破、4G 并跑、5G 引领"的历史性一步，中国首次成为全球通信产业建设和应用的领导者。2018 年年底的中央经济工作会议中首次提出，2020 年被重新赋予全新时代内涵的新基建，更是将 5G 和人工智能（AI）列为建设的重要内容，将对我国的通信产业和国民经济产生直接而深远的影响。"5G+AI"技术的结合，必将进一步推动和促进我国经济发展的供给侧改革，为传统产业注智赋能，有效拉动基础产业尤其是信息技术产业的升级和发展，产生全新的聚变效应。

本章作为全书的首章，主要为读者介绍如下 4 个方面的内容：1.1 节首先从新基建的全新视角，分析新基建为我国"5G+AI"技术发展带来的全新机遇和时代使命；1.2 节以宏观视野分析 5G 时代的 AI 发展技术趋势；1.3 和 1.4 两节则分别描述了我国 5G 和 AI 产业的发展历程、发展现状和发展趋势。读者可以通过阅读本章内容，对我国 5G 和 AI 产业的发展形成一个初步的认知轮廓。

1. 5G 对通信产业的影响

首先，对三大运营商而言，5G 的发展会带来全新的市场增长机会，有助于改善 4G 时代主要依靠流量的简单盈利模式。但从另一方面来看，5G 前期的基础建设也会让运营商压力倍增，运营商需要投入大量的资金进行 5G 基站、网络等基础设施的建设。根据公开资料显示，2020 年中国电信 CAPEX（资本支出）是 850 亿元，其中 5G 网络 CAPEX 占 53.3%，为 453 亿元；中国联通的 5G 相关投资为 350 亿元；中国移动的 5G 相关投资为 1000 亿元。这对于利润空间逐步下降的通信运营商来讲，将进一步压缩现有的利润空间。

其次，对于终端厂商来讲，5G 技术的发展必将拉动手机终端的更新换代，在整个行业趋于饱和的状态下，5G 牌照的发放无疑给终端厂商一针强有力的催化剂。2019 年，包括 H 公司、X 公司、V 公司、S 公司、O 公司在内的多家手机厂商，都在 5G 手机终端领域投入大量的研发精力，Mate 30 Pro、荣耀 V30 系列、Reno 3 系列、iQOO Pro、Galaxy A90、Redmi K30 系列等 5G 手机相继投入市场。

5G 牌照的提前发放，使全产业链进入发展快车道，包括运营商、终端、网络设备等市场将迎来规模增长，带来无限的想象空间与商机。

2. 5G 对国民经济的影响

工信部表示，5G 支撑应用场景由移动互联网向移动物联网拓展，将构建起高速、移动、安全、泛在的新一代信息基础设施。与此同时，5G 将加速许多行业的数字化转型，并且更多地应用于工业互联网、车联网等，拓展大市场，带来新机遇，有力支撑数字经济的蓬勃发展。

根据中国信息通信研究院《5G 产业经济贡献》报告分析，在经济社会直接贡献方面，预计 2020—2025 年，我国 5G 商用直接带动的经济总产出达 10.6 万亿元，直接创造的经济增加值达 3.3 万亿元；在间接贡献方面，预计 2020—2025 年，我国 5G 商用间接拉动的经济总产出约 24.8 万亿元，间接带动的经济增加值达 8.4 万亿元；在就业贡献方面，预计到 2025 年，5G 将直接创造超过 300 万个就业岗位。

1.1 新基建下的 "5G+AI" 技术发展

1.1.1 新基建的内涵和外延

新基建作为概念提出，最早可以溯源到 2018 年年底召开的中央经济工作会议，会上首次提出加强新型基础设施建设，并且把 5G、人工智能、工业互联网、物联网定义为"新型基础设施建设"。

但是新基建真正成为产业投资热点却是在进入 2020 年之后。2020 年，疯狂肆虐的新冠疫情使得各个产业和行业领域均面临挑战。也对我国经济增长产生了明显的影响。按照经济学理论，消费、投资和出口是促进 GDP 增长的"三驾马车"。其中，消费主要指国内的消费拉动，是经济最主要的内生动力；投资是指财政支出，即政府通过财政政策的手段，对教育、科技、国防、卫生等事业的支出，是辅助性的扩大内需；出口则是指外部需求，是通过本国企业的产品打入国际市场，参与国际竞争，扩大自己的产品销路。

疫情对经济的影响也逐步显现出来了，原来基于"非典"判断的"报复性"消费并未出现，很多行业短暂的"热闹"之后，随即陷入"门前冷落车马稀"的局面。从短期看，通过消费拉动国内经济增长的形势不容乐观。而国际环境的影响，全球疫情的蔓延也使得我国的出口业需要更长的时间进行势能的积聚，短期内仍将处于一个不景气的周期之内。因此，为了维持和促进 GDP 的稳定和增长，加大国内投资，尤其是"基础设施建设投资"已成为必然选择。而随着国家近些年供给侧改革，对传统的基础设施建设采取了较为稳健的政策导向，故而"新基建"一出，立即被广泛关注。

2020 年以来，党中央以更高频次、更大力度强调新基建的重要性，各地区积极布局，各行业加速跟进，一时间"新基建"成为炙手可热的词汇，热度一时无两，如图 1-1 所示。

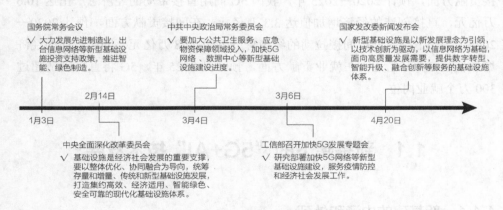

图 1-1 2020 年新基建相关政策概览

1. 新基建的特点

同传统基础设施建设对比，新基建具有如下特点。

（1）新基建更能契合我国供给侧改革的政策内核。新基建更加注重可持续发展，倡导创新、绿色环保和消费结构升级的发展理念，推动中国经济迈向高质量发展阶段，在补短板的同时为新引擎助力，这是新时代对新基建的本质要求，也是新基建与传统基建最本质的不同。

（2）新基建把先进的智能科技跟产业深度融合，为传统产业注智赋能。5G 技术的广连接、高带宽和低时延的技术特征，将极大促进我国物联网产业和边缘计算技术的发展。而 AI 技术的发展则会进一步促进物联网的发展，从万物互联走向万物智联。比如，在能源行业，风力发电的风场多分布在偏远地区，工程师团队则常驻异地研发中心，很难对风机设备进行现场运维。由于大型风电设备内部结构复杂，风场本地管理人员往往无法很好地预测故障和维护，造成设备维护成本居高不下，运营成本也难以降低。而随着"5G+AI"技术的发展，更多的边缘设备可以更加快速地采集和挖掘数据，将实时智能注智于业务场景中，帮助企业降本增效。

（3）新基建可以有效拉动基础产业尤其是信息技术产业的升级发展。5G、云计算、大数据、人工智能和量子计算等新技术，作为数字产业化和产业数字化的基础设施，将给产业升级带来更大的空间，推动形成新的产品服务、新的生产体系和新的商业模式。以 5G 为例，5G 网络建设不仅涉及大量的工厂、基站、供电等基建投资，还将带动工厂改造、建设运营、系统升级、技术培训等各行业转型升级。据中国信通院预测，到 2025 年，5G 网络建设投资累计将达到 1.2 万亿元，带动相关投资超过 3.5 万亿元。有专家指出，新基建还将推动基础研究的深入，促使云计算、人工智能的算法、芯片等领域取得更多成果，有助于补上科技领域的短板。

（4）对基础设施的创新和数字化改造是新基建的应有要义。新基建并非是对传统基建的全部否定，而是通过新的技术手段，拉动基础产业尤其是信息技术产业的升级和发展；通过对传统基础设施的数字化改造，发挥投资的最大效能；通过对传统基础设施的数字化创新，推动创造新服务、新业态，改变科学研究、研发设计、供应链协同的基本模式。

（5）新基建的建设模式显著有别于传统基础设施建设。除了新技术、新需求、新形态，新基建在格局、生态上与传统基础设施建设也存在明显差异。传统基建过程中基本是各级政府主导，全国全面铺开建设。而新基建中的数字基础设施超越了地理位置和时间的界限，可以全方位、全时段地为各领域用户服务，形成整合效应，其乘数效应也更大。

2. 新基建的目标和内容

我国之所以大力推进新型基础设施建设，其真正用意在于继续深化和推进供给侧改革，避免过去盲目扩大传统基础设施建设带来的产业结构不合理和产能过剩的问题，并通过产业结构调整，大力发展新经济，培育新动能，赋能于传统产业，增强经济发展的内生动力，带动传统产业实现数字化转型升级，改变产业结构，提升效率、降低成本，获取更多产业与行业市场的增量空间和新的经济增长点。因此，新基建投资从国家层面看，实际上是一个长期的产业结构变革策略和长远的经济发展计划，对中国未来经济的可持续性发展意义重大。

新型基础设施是以新发展理念为引领，以技术创新为驱动，以信息网络为基础，面向高质量发展需要，提供数字转型、智能升级、融合创新等服务的基础设施体系。目前来看，新型基础设施主要包括以下 3 个方面的内容。

一是信息基础设施。主要是指基于新一代信息技术演化生成的基础设施，比如，以 5G、物联网、工业互联网、卫星互联网为代表的通信网络基础设施，以人工智能、云计算、区块链等为代表的新技术基础设施，以数据中心、智能计算中心为代表的算力基础设施等。

二是融合基础设施。主要是指深度应用互联网、大数据、人工智能等技术，支撑传统基础设施转型升级，进而形成的融合基础设施，比如，智能交通基础设施、智慧能源基础设施等。

三是创新基础设施。主要是指支撑科学研究、技术开发、产品研制的具有公益属性的基础设施，比如，重大科技基础设施、科教基础设施、产业技术创新基础设施等。

1.1.2　新基建对5G和AI发展的影响

1. 新基建对 5G 发展的影响

自 2018 年 12 月中央经济工作会议首次提出新基建的概念以来，到后期各种有关新基建的文件政策中，5G 都是新基建的重中之重。5G 之所以在新基建的建设中地位如此重要，主要取决于如下几方面。

首先，5G 是推动中国经济高质量发展的重要技术原动力。

从经济发展模式看，我国是制造业大国，但不是制造业强国，最主要的表现就是产业结构不合理，产业发展基本是在"低人力成本""高耗能""低生产效率"等粗放型经济前提下运行，低端产能过剩，高端产能不足，生产性服务业发展滞后。而本次新冠疫情对经济的影响，更是进一步突出了我国经济发展供给侧改革的必要性，必须依赖科学技术，实现中国经济的高质量发展，5G 的出现恰为中国经济转型提供了新方案和新选择。

5G 与实体经济各行业各领域深度融合，能够促进各类要素、资源的优化配置，以及产业链、价值链的融会贯通，可使生产制造更加精益、供需匹配更加精准、产业分工更加深化，赋能传统产业优化升级。与 4G 相比，5G 由于具有广连接、高宽带和低延迟的技术优势，所以 5G 的应用场景将从移动互联网拓展到工业互联网、车联网、物联网等更多领域，能够支撑更大范围、更深层次的数字化转型。同时，5G 产业的发展将进一步催生全息视频、浸入式游戏等新模式、新业态，让智能家居、智慧医疗等新型信息产品和服务走进千家万户，推动信息消费的升级。

与 4G 相比，5G 由于其广连接、高带宽和低延迟的技术优势，决定了 5G 的应用场景将从移动互联网拓展到工业互联网、车联网、物联网等更多领域，能够支撑更大范围、更深层次的数字化转型。同时，5G 产业的发展，将进一步催生全息视频、浸入式游戏等新模式、新业态，让智能家居、智慧医疗等新型信息产品和服务走进千家万户，推动信息消费扩大升级。

未来，5G 与云计算、大数据、人工智能、虚拟增强现实等技术的深度融合，将人与万物互联，成为各行各业数字化转型的关键基础设施。一方面，5G 将为用户提供超高清视频、下一代社交网络、浸入式游戏等更加身临其境的业务体验，促进人类交互方式再次升级。另一方面，5G 将支持海量的机器通信，以智慧城市、智能家居等为代表的典型应用场景与移动通信深度融合，预期千亿量级的设备将接入 5G 网络。更重要的是，5G 还将以其超高可靠性、超低时延的卓越性能，引爆如车联网、移动医疗、工业互联网等垂直行业应用。总体上看，5G 的广泛应用将为大众创业、万众创新提供坚实支撑，助推制造强国、网络强国建设，使新一代移动通信成为引领国家数字化转型的通用目的技术。

其次，加强 5G 设施建设，是进一步巩固和扩大我国 5G 产业优势的重要契机。

在经历了 1G 落后、2G 跟随、3G 突破、4G 同步后，中国在 5G 网络应用上有望实现产业引领。而在 5G 领域的重点建设，将成为进一步巩固和扩大我国 5G 产业优势的重要契机。

在 5G 技术标准方面，中国倡导的 5G 概念、应用场景和技术指标已纳入国际电信联盟（ITU）的 5G 定义，中国企业提出的灵活系统设计、极化码、大规模天线和新型网络架构等关键技术已成为国际标准的重点内容。

在 5G 专利方面，我国两大 5G 设备厂商华为和中兴，通信领域的专利技术位列全球前茅。据专利数据权威统计机构 IPLytics 发布的最新 5G 行业专利报告显示，在 ETSI 最新 5G 标准必要专利声明量排名中，中国企业 5G 专利占比为 32.97%。其中华为 3147 族、中兴 2561 族、OPPO 657 族、大唐 570 族、vivo238 族、联想 97 族、HTC 93 族等。中国企业有两家位列前三，位列第一的是华为，而位列第三的是中兴通讯，中兴通讯 5G 专利数也是首次位居 5G 专利排行前三。

在产业发展方面，中国率先启动 5G 技术研发试验，加快了 5G 设备研发和产业化进程，中国 5G 产业发展的关键要素都已齐备，包括频率、芯片、终端、运营商等。这得益于中国 5G 产业链中公司的快速成长，上游的芯片、模组等核心元器件，部分核心组件已经实现突破；中游的系统设备厂商中，通过产业链的竞争与淘汰，目前仅存四家实力与规模具备竞争优势的厂商，即华为、爱立信、诺基亚、中兴，其中中国占据两席；从下游的手机终端及行业应用看，我国的手机终端等产品已经在市场竞争格局中，逐步占据并扩大领先优势，5G 行业应用，如 AR/VR、车联网、工业互联网、物联网、企业数字化转型（云化）、人工智能、远程医疗等领域进行得如火如荼。

2. 新基建对 AI 发展的影响

在机械化、电气化和自动化之后，我们迎来以智能化为代表的第四次工业革命：智能被嵌入互联的万物和一切业务流程中，我们正处在新工业革命的历史时期。人工智能作为新一轮产业变革的核心驱动力，将进一步释放历次科技革命和产业变革积蓄的巨大能量，并创造新的强大引擎，重构生产、分配、交换、消费等经济活动各环节，形成从宏观到微观各领域的智能化新需求，催生新技术、新产品、新产业、新业态、新模式，引发经济结构重大变革，深刻改变人类生产生活方式和思维模式，实现社会生产力的整体跃升。

　　2020 年年初肆虐的新冠疫情,更是让 AI 的重要性进一步凸显。基于佩戴口罩的人脸识别、基于大数据和人工智能的人口流动趋势精准预测、基于用户轨迹的用户感染风险预判、基于 AI 机器人的非接触式配送、基于 AI 技术的快速测温、基于 AI 的社区智能管理、基于 NLP 技术的舆情监控等应用,在助力我国抗击新冠疫情中发挥了重要的作用。

　　而在 2020 年 5 月,新基建更是首次被正式写入国务院的政府工作报告中,地方政府相继出台了推动新型基础设施建设的若干政策和文件。其中与人工智能发展相关的部分政策和文件如表 1-1 所示。

表 1-1　2020 年各地政府新基建中与 AI 相关的政策概览

发布时间	政策 / 报告	发布单位	核心内容
2020 年 1 月	政府工作报告	重庆市	深入实施以大数据智能化为引领的创新驱动发展战略行动计划和军民融合发展战略行动计划,加快建设国家数字经济创新发展试验区,促进智能产业、智能制造、智慧城市协同发展,集中力量建设"智造重镇""智慧名城"
2020 年 1 月	政府工作报告	山东省	深入推进"现代优势产业集群 + 人工智能",培育轨道交通、动力装备、智能家电等先进制造业集群,推进新能源汽车、核电装备等提升发展,加快氢能及燃料电池、8K 超高清视频产业布局建设
2020 年 1 月	政府工作报告	江苏省	加强人工智能、大数据、区块链等技术创新与产业应用,培育壮大新一代信息技术等战略性新兴产业
2020 年 1 月	政府工作报告	浙江省	做强集成电路、软件业,超前布局量子信息、类脑芯片、第三代半导体、下一代人工智能等未来产业
2020 年 1 月	政府工作报告	海南省	运用大数据、云计算、人工智能、区块链等技术手段提升政府效能
2020 年 1 月	政府工作报告	湖南省	力争在人工智能、区块链、5G 与大数据等领域培育一批新的增长点

　　按照国家对新基建的定位,新基建代表了一种助力经济高质量发展的新动力。而人工智能技术更是这种新动力的核心引擎,在 2020 年的抗疫战场,人们深刻感受到了人工智能在危机处理、疫情防控、经济复苏中的强大作用。人们完全有理由相信,在未来的经济发展中,人工智能技术必将在助力企业提高生产效率、降本增效、创造新的需求和增长点的过程中发挥更加重要的作用。

1.2 5G 时代的 AI 技术趋势

5G 时代广泛的业务场景需要借助 AI 技术进行注智赋能。如果说语音识别、图像识别等赋予了 AI 一双"慧眼",机器学习、深度学习等超级计算能力赋予了 AI 聪慧的"大脑",那么 5G 网络广连接、低延迟、高带宽的特性则赋予了 AI 与世界高效"连接"并深度"沟通"的能力。5G 与 AI 技术的融合,必将万物智联带入一个全新时代。

在 5G 时代,AI 能力需要满足如下几个方面的要求。

1.2.1 AI部署云边协同

随着 5G 网络的发展,涌现出大量高带宽、低延迟、广连接的需求场景,特别是低延迟场景中实时互联技术工业控制技术对网络传输、数据返回和实时控制的实时性要求高,部分场景实时性要求在 10 ms 以内,此时企业将数据转换为洞察力再转换为执行力的速度就显得尤为关键。集中式的计算处理模式将面临难解的瓶颈和压力,因为在一个只有"云"的世界中,数据要通过边缘设备回传到云中心进行处理,同时还要将数据处理的结果反馈到边缘设备。我们知道,光速是数据传输的速度极限,数据从边缘到云,再从云返回到边缘,即使按照光速传输,延迟也在所难免。只有通过缩短数据传输的距离,才能从真正意义上降低延迟。这还没有考虑到大量数据传输给存储和带宽资源带来的巨大压力。

此时,需要边缘计算与云边协同,在靠近物或数据源头的一侧,采用集网络、计费、存储、应用核心能力于一体的开放平台,就近提供最近端服务,即边缘计算。以此避免大量设备对云计算数据中心和移动网络访问带来的业务负载和"风暴"(拥塞),提高无线网络的运行效率,降低网络设计的复杂度。在云端,基于大数据云平台提供的海量样本数据,通过中心 AI 提供的算法、算力,完成边缘智能本地软件所需的 AI 模型训练,并通过边缘智能管理套件完成 AI 模型开发。

云边协同智能技术实现架构如图 1-2 所示。

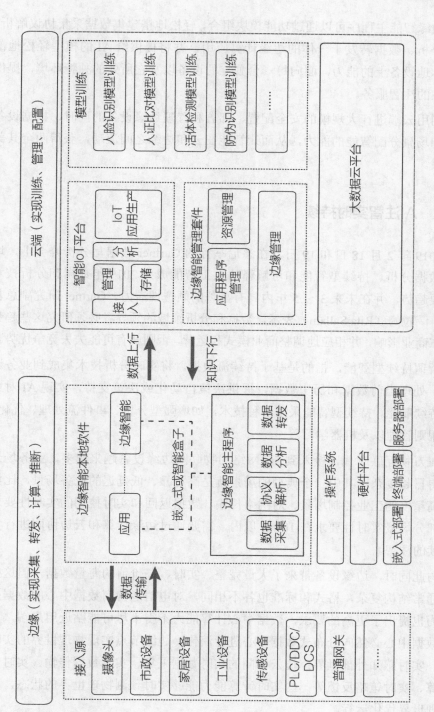

图 1-2 云边协同的 AI 应用

边缘智能主程序可以通过功能模块组合，轻松地搭建集数据采集协议解析、数据分析、数据转发于一体的边缘计算应用，并将提供给 AI 的模型轻松地部署到本地设备上的能力，面向每一台独立的设备以及它所处的独特环境，提供针对性的注智服务。

利用云端进行大规模的安全配置、部署和管理边缘设备的同时，根据设备类型和场景分配智能的能力，从而让智能在云和边缘之间流动，获得两全其美的结果。

1.2.2 AI注智实时持续

2019 年 2 月 18 日和 19 日，在悉尼举行的 Gartner 数据与分析峰会上，增强型数据分析、持续型智能和可解释的人工智能成为 2019 年数据和分析技术的主要趋势，并在未来 3 ～ 5 年内具有显著的颠覆性潜力。Gartner 研究副总裁丽塔·萨拉姆（Rita Sallam）表示，数据和分析领域的领导者必须研究这些趋势的潜在商业影响，并相应地调整商业模式和运营，否则就有可能失去竞争优势。

所谓持续型智能，指的是基于持续流数据，将实时分析技术集成到业务运营中，处理当前数据和历史数据，提供决策自动化或决策支持，实现 AI 对业务的持续赋能。持续型智能采用多种技术，如增强型分析、事件流处理、优化、业务规则管理以及机器学习。

在万物互联时代，接入到 5G 网络的物联网边缘设备越来越多，业务场景也变得日趋复杂，其中一个典型的场景就是高可靠、低延迟的业务场景，比如一些高精度的工业控制场景，对网络传输、数据返回和实时控制的实时性要求高，部分场景实时性要求在 10 ms 以内，需要通过边缘计算和云边协同进行实时持续的注智。

与此同时，边缘设备带来了大量完整、实时、高价值的海量数据，但这些数据通常结构复杂，格式和标准也各不相同，对电信运营商数据中心的数据处理能力也提出了更高的要求，数据中心计算能力不得不尽可能贴近用户端，集中式数据中心必然向分布式数据中心进行演化。边缘节点实现物理世界的实时连接，实时感知外部世界；边云协同的实时数据采集、实时数据传输、实时数据计算、实时策略反馈等一些实时计算能力能够实时预测物理世界的状态，驱动物理世界优化运行。

1.2.3 AI应用民主灵活

5G 时代，AI 注智场景泛在化、复杂化、实时化，需要 AI 的民主化，降低 AI 的使用难度。

AI 民主化的概念，主要是由谷歌云 AI 团队原负责人、现任斯坦福大学人工智能实验室（SAIL）主管、华裔数据科学家李飞飞率先提出和倡导的。概念提出后，在业界就受到了包括英特尔在内的国内外相关厂商广泛的支持和推广，如今已经成为 AI 能力建设的一个重要要求和标准。AI 的民主化包括 3 个维度。

1. 算法民主化

算法对于 AI 来说，是使数据产生价值的核心动力，未来的 AI 算法民主化，至少需要包括以下 3 个层面。

一是需要 AI 算法和开发框架开始越来越智能，降低算法开发的难度，像谷歌 AutoML 这样的 AI 产品甚至能自动编程，进一步降低 AI 的使用门槛。

二是 AI 算法的 API 化，将 AI 算法按照业务场景封装成通用的 API 能力，使用者只需要通过配置简单的 API 参数，便可以实现 AI 能力的调用。同时，API 的体系应该是面向业务应用和不同业务应用使用者的，应该是分层级的，算法科学家可以调用底层最细颗粒度的纯基础算法的 API，比如 C5、RF、DBSCAN 等具体的算法 API，业务专家可以调用最上层的面向个性化业务场景的 API，比如收入预测、5G 潜在用户识别、车牌识别等具体的业务应用场景，而中间还需要搭建一层方便数据科学家和业务专家进行对话和沟通的从众多个性化业务场景中高度抽象出来的算法簇的 API，如分类算法、聚类算法、趋势预测算法等。

三是 AI 工具使用的普适化，提供向导式、拖曳式和编码式的建模方式，不同专业能力和业务背景的使用者都可以进行 AI 模型的开发。

2. 数据民主化

数据是实现 AI 的重要基础原料，是决定 AI 能否取得成功的关键因素。尤其是现在的图像识别、语音识别等 AI 应用场景，需要大量的训练数据来支撑进行模型的训练。但这些数据通常是非结构的，格式和标准也是非一致、不统一的，在进行训练时，需要进行大量的数据标注工作。而这些数据标注工作，往往是非常耗费时间和资源的，仅仅依靠几个大的 AI 厂商不现实，需要建立起一个完整的数据生态，通过数据的众包和共享的方式，实现数据资料和数据价值的合作共享。

3. 算力民主化

从 AI 的发展史看，算力在一定时期内，成为了制约 AI 发展的最大瓶颈。回顾人工神经网络的发展历程，我们可以清晰地发现，在突破了算力资源的瓶颈之后，才真正迎来了深度学习的突飞猛进，并且成为目前 AI 的最核心计算框架。

而随着 5G 时代的到来，AI 又将迎来一次数据的大爆发，也对 AI 的算力资源提出了新的挑战。但现在随着科学技术的发展，计算能力和存储能力的发展也突飞猛进，但如何降低算力资源成本，也成为影响 AI 发展的重要因素。因此，我们需要计算和存储资源的虚拟化和云化，降低算力资源成本，做到 AI 的普惠化。

1.2.4　AI决策高度仿真

传统的 BI（Business Intelligence，商业智能）解决的是商业策略的分析和决策，侧重的是静态的横截面的数据，分析的目标在于描述业务的现状和问题，解释问题存在的原因，处理的数据大多是结构化的数据。在 5G 时代，传统的 BI 已无法满足行动决策支撑需求。

首先，业务场景日益复杂化，业务影响因子越来越复杂，相互作用的机制也越来越复杂，需要全盘考虑，模拟真实的市场环境。尤其是对运营商经营策略产生重大影响的国家重大政策，更需要从战略高度、系统层面进行深度解析，仿真环境实盘操演。

在 2015 年 4 月召开的一季度经济形势座谈会上，首次释放出提速降费的信号，之后提速降费便一直成为社会的热点话题，同时也成为近年来对运营商经营战略产生宏观结构面影响的重要因素。尤其是进入 2019 年以后，提速降费更是和 5G 牌照发放一起，成为为我国工业 4.0 建设提供切实保障的重要政策。通过 5G 技术为我国经济发展注入新鲜活力，通过提速降费切实降低企业发展成本。提速降费政策的实施，已经对运营商的收入水平、网络负载产生了非常明显的影响，并将在新的形势下继续保持影响。针对政策的影响，单纯地依靠传统的 BI 分析已经无法达成分析目标，比如无法精准评估资费下降后用户的消费行为的变更，以及消费行为变更对用户 ARPU 的影响，也无法精准预估用户消费行为变更后对运营商基站负载的影响。因此必须引入 AI 能力，为业务决策提供支撑。

其次，5G 业务的商业价值重要性日益凸显，业务决策的重心由分析到预测。5G 应用催生了新的应用机会，这些机会中蕴含着巨大的商业价值，这些价值必须进一步深入挖掘。同时，业务决策的做出，也需要经营分析系统除了分析现状和问题之外，更加重要的是对业务未来的发展做出精准预测，这是传统的 BI 分析系统所无法支撑的。

图 1-3 形象地说明了从传统基于 BI 的经营分析演进到融入 AI 能力的未来经营分析后，从商业价值到市场竞争能力的全面提升。

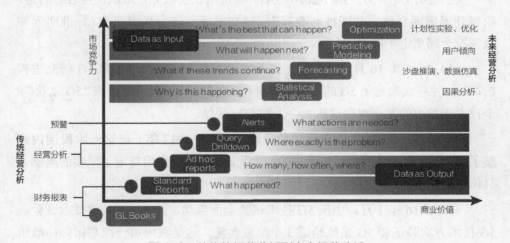

图 1-3　从传统经营分析到未来经营分析

传统的经营分析主要的分析工具包括财务报表、经营分析报告、简单的告警提示；而融合了 AI 能力的未来经营分析工具，则通过因果分析、沙盘推演、用户倾向挖掘和计划性实验等手段，进行业务价值的挖掘和辅助决策，其相较于传统的基于 BI 的经营分析，无论商业价值挖掘的深度、市场的竞争力，都有了明显提升。

1.3 我国 5G 产业与技术发展

1.3.1 我国5G技术发展历程

我国的 5G 技术发展历程，大概可以分成 3 个阶段。

第一阶段：技术的早期预研阶段（2009—2015 年），这一阶段主要由华为（以下称 H 公司）等企业牵头开展早期的 5G 技术预研，并积极推进 5G 相关技术标准的制定工作。具体进展如下。

（1）2009 年，H 公司开展 5G 相关技术的早期研究。

（2）2013 年 4 月，IMT-2020（5G）推进组在京成立，组织国内各方力量，积极开展国际合作，共同推动 5G 国际标准发展。这为我国在 5G 标准研究领域统揽全局奠定了基调。

（3）2015 年 10 月，ITU-R 正式批准了 3 项有利于推进未来 5G 研究进程的决议，并正式确定了 5G 的法定名称是"IMT-2020"。我国提出的"5G 之花"9 个技术指标中的 8 个也在这次大会上被 ITU 采纳。

第二阶段：5G 技术的全面试验阶段（2016—2017 年），这一阶段国内开展了 5G 正式商用前的全面技术试验，为我国 5G 正式商用奠定了坚实的基础。具体进展如下。

（1）2016 年 1 月，中国 5G 技术试验全面启动，分为 5G 关键技术试验、5G 技术方案验证和 5G 系统验证 3 个阶段实施。这是我国第一次与国际标准组织同步启动对新一代移动通信技术测试和验证。

（2）2016 年 4 月，H 公司率先完成我国 IMT-2020（5G）推进组第一阶段的空口关键技术验证测试。

（3）2016 年 5 月，中欧美日韩 5G 推进组织跨区域合作召开的第一届全球 5G 大会在北京正式召开，为全球统一 5G 标准研制、频率协调、产业发展和应用创新奠定了重要基础。

（4）2016 年 11 月，3GPP（国际无线标准化机构）确定，中国 H 公司主推的 Polar Code 方案成为了 5G 控制信道 eMBB 场景下的标准编码方案。

（5）2016 年 11 月，我国 5G 技术研发试验第二阶段技术规范正式发布。

（6）2017 年 6 月，开通中国首个 5G 基站。

（7）2017 年 11 月，工信部确定 3300 ～ 3600 MHz 和 4800 ～ 5000 MHz 频段为我国 5G 发展的主要频谱。

第三阶段：5G 商用的全面快速推进阶段（2018—2020 年），国内 5G 发展步入了快车道，进入了快速发展的阶段。

具体进展如下。

（1）2018 年 6 月，5G NR 标准 SA（Stand Alone，独立组网）方案正式完成并发布，这标志着首个真正具有完整意义的国际 5G 标准正式出炉。

（2）2018 年 12 月，工业和信息化部向中国电信、中国移动、中国联通发放了 5G 系统中低频段试验频率使用许可证。

（3）2019 年 6 月 6 日，工信部向中国电信集团、中国移动通信集团、中国联合网络通信集团、中国广播电视网络有限公司颁发了 4 张 5G 商用许可证。由此，我国正式进入 5G 时代。

（4）2020 年 3 月 12 日，中国电信宣布与中国联通在 2020 年三季度将完成全国 25 万座 5G 基站共建工作。

（5）2020 年 3 月 6 日，中国移动正式启动了 2020 年 5G 二期无线网主设备集中采购，共有 28 个省、自治区、直辖市发布集采，需求数量总计 232143 个 5G 基站。力争到 2020 年年底 5G 基站数达到 30 万，确保 2020 年底前在全国所有地级以上城市提供 5G 商用服务。

1.3.2　5G改变社会

1.　从万物互联到万物智联

中国电信曾在 2018 年的无锡世界物联网博览会高峰论坛上明确提出："数据是数字经济运行和发展的基本要素，而数据的产生、传输、存储、处理都离不开物联网。2017 年国内各种制式的物联网连接数已超过 20 亿，到 2020 年，将突破 70 亿规模。这一阶段可以称为'连接爆发'的万物互联时代。随着智能化步伐的加快，万物互联正走向万物智联。"

万物智联的推进和发展必须依赖于各种智能化新技术的兴趣和成熟商用，这些新技术可概括为"ABCDEHI5G"，代表人工智能、区块链、云计算、大数据、智慧家庭、边缘计算、物联网和5G等。如果说5G技术极大拓展了万物连接的范围，而AI技术则使物联网从IoT时代迈入AIoT时代。

AIoT时代具备两个明显特征：一是5G技术的发展极大地拓展了万物的连接范围，重新构造传统业务生态；二是AI技术使行业颠覆从边缘走向核心，正在进入业务的核心领域，解决的是效力问题（effectiveness）。

其中有两个典型的应用：一是智能出行领域；二是智能医疗领域。

- ✓ **智能出行应用**：在智能出行领域，一个非常典型的案例就是D公司的智能出行应用案例。D公司依托物联网强大的连接能力，真正实现了用户、车主、车辆、监管者的全面连接，构造了一个从出行到服务再到评价完整的用户出行业务生态。并借助AI技术，解决了出行生态中的效能问题，重塑了交通行业，影响和改变了人们出行和家居的方式。

- ✓ **智能医疗应用**：如果说4G时代的移动互联网医疗解决的是行业边缘的连接问题，效率问题（efficiency），比如寻医挂号、买药送药、病友论坛之类；而在AIoT时代，5G技术进一步扩展了连接的范围，AT（AI Technology）正在进入业务的核心领域，解决的是效力问题。针对目前一些常见的临床病症，通过AI技术的智能诊疗，尤其是食管癌、肺癌等癌症类的早期筛查，已经取得了相当不错的成效。

2. 从数字经济到数据生态

随着科学技术的发展，数字经济在国民经济中发挥着越来越重要的作用。工信部数据显示，中国数字经济规模2018年已经达到31万亿元人民币，占GDP的三分之一。数字经济时代已经成为时代发展的方向且正在贡献着巨大的社会价值。

在万物智联的5G时代，数据价值被进一步重构：一是数化，数据已经成为一个很重要的生产要素，就是我们作为一个人、物或者一个组织，所有活动的行为被数据化，作用于我们的社会，作用于我们的生产、生活进程中；二是融合，5G网络连接了大量的边缘设备，而边缘设备作为5G时代的第一数据入口，产生了大量、实时和完整的数据。如何充分整合数据、挖掘数据价值，支撑数字经济的发展，我们需要数据产业化、数据生态化，需要完成数据在不同行业的融合，需要建立一个完整的数据生态，整合数据、挖掘数据、构建知识图谱，面向场景实现数据驱动智能化的业务流程。

一个完整的数据生态，需要解决如下问题：一是数据的收集问题；二是解决数据的确权问题；三是解决数据的存储和安全问题；四是解决数据的整合问题；五是解决数据价值的显性化问题；六是解决数据价值的共享问题。只有充分解决了上述问题，才能实现数据经济在万物互联网中的生成和应用，数据价值的合理分配，改善传统经济形态，推动经济的发展。

未来的业务发展思维，将从流程思维优先到数据思维优先。数据是先于系统就可以被识别和定义的，数据本身是物理世界在数字化世界的一个投影，是描述数字世界的原子。

数字孪生技术是我们充分发挥数据生态价值的一种有效技术。数字孪生是现实世界到数字虚拟世界的一种建模方式，是现实世界中物理实体的配对虚拟体（映射）。这个物理实体（或资产）可以是一个设备或产品、生产线、流程、物理系统，也可以是一个组织。我们通过数字孪生实现物理世界在数字虚拟世界的数字化建模，并基于 DIKW 体系（Data、Information、Knowledge 及 Wisdom）构建行业知识图谱，进而构建面向场景实现数据驱动智能化的业务流程，支撑 5G 时代的万物智联。如图 1-4 所示。

3. 从工业 4.0 到社会 5.0

4G 改变生活，5G 改变社会。5G 和 AI 技术的结合，除了在工业领域有广阔的应用前景之外，也将对社会生活产生积极深远的影响，改变和颠覆各个行业传统业态，打造智慧社会。

工业 4.0 这一概念最早出现在德国，是基于工业发展的不同阶段做出的划分。按照目前的共识，工业 1.0 是蒸汽机时代，工业 2.0 是电气化时代，工业 3.0 是信息化时代，工业 4.0 则是利用信息化技术促进产业变革的时代，也就是智能化时代。

工业 4.0 的核心特征是互联，通过互联技术降低信息不对称，催生出消费者驱动的商业模式。而 5G 技术则是实现万物智联的重要催化技术，通过超强的连接能力，生产出大量、实时、完整、具有重要价值的数据，推动我国的数字经济发展进入快车道，利用信息技术实现弯道超车。同时，"5G+AI"注智于千行百业中，促进技术与业态融合，对资源配置、产品结构、生产效益，甚至运营模式等带来改变，加速数字化转型，助力生产方式高质量发展。

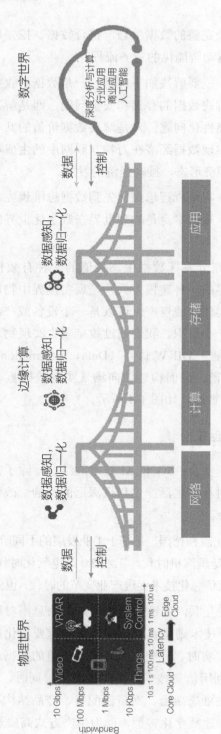

图 1-4　从物理世界到数字世界的数字孪生技术

　　而社会 5.0 的概念，最早出现于 2016 年的日本。和工业 4.0 划分标准不同，社会 5.0 定位于社会发展阶段，将人类社会划分为狩猎社会、农耕社会、工业社会、信息社会和超智慧社会，分别称为社会 1.0 到社会 5.0，因此，社会 5.0 的概念，其实就是超智慧社会。简单说就是精准服务，它通过所有各个社会子系统，对人类、地理、交通等大数据进行横向应用，从而实现一个充满活力与舒适度的社会，每个人都接受高质量的服务。

　　社会 5.0 的特征是立足整个经济社会，通过应用 IoT 及大数据、人工智能、机器人等创新技术，不仅要提升产业的生产性，还要提升生活的便捷性，解决就业、环境和能源等社会课题等，是将这些置入视野的努力方向。如图 1-5 所示。

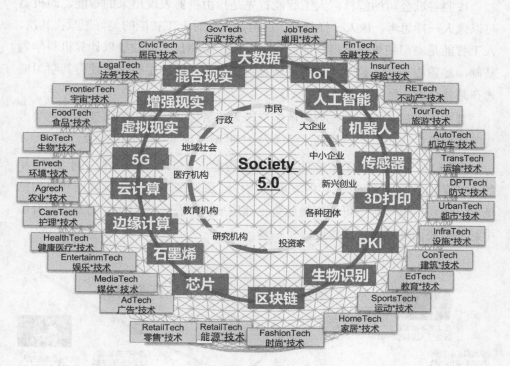

图 1-5　社会 5.0 生态图

　　从工业 4.0 到社会 5.0，为我们指明了一条信息技术和经济、社会发展的明确道路。我们在充分发挥信息技术对工业和经济发展的重要推动作用的同时，更要重视信息技术对促进社会治理的积极推动作用，以技术推进生产，改造社会。

1.4　我国 AI 产业与技术发展

1.4.1　人工智能发展概述

截至目前，人工智能尚未形成一个统一的定义，为了便于大家理解，我们援引百度百科中关于人工智能的定义：人工智能（Artificial Intelligence），英文缩写为 AI，它是研究、开发用于模拟、延伸和扩展人的智能的理论、方法、技术及应用系统的一门新的技术科学。

按照谷歌公司的解释，人工智能首先是指由机器表现出来的智能，即机器可以像人一样思考，像人一样行动，这也是人类对人工智能的美好愿景；其次，人工智能是一门使机器变得智能的科学，人工智能技术的发展以计算机科学为基础，涵盖心理学、哲学、数学、语言学等学科，因为学科交叉使得其学习能力在某些程度上远超人脑。

其实不论如何理解人工智能的定义，人工智能技术都以不可逆转的态势改变了我们的生活和生产，并且已经成为 21 世纪一项重要的通用技术。

如图 1-6 所示为人工智能的简单发展历程。人工智能技术诞生于 1956 年的达特茅斯会议，在 60 多年的发展历程中，虽然经过了算法、数据和算力的低谷，但仍然以一种不可抗拒的趋势迅速发展，并在经济和社会的发展和升级中起着重要而基础的支撑作用。

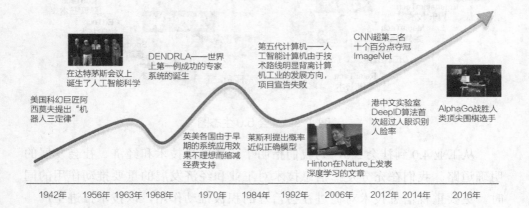

图 1-6　人工智能发展历程

数据、算法和算力，是人工智能发展的三大要素。数据是人工智能得以应用的重要基础。全球每天产生的来自固定宽带、移动互联网和物联网的数据大约有 25 亿 GB，这些数据为人工智能的发展提供了大量的基础数据支撑，而数据基础设施的完备和支撑能力的逐步提升，以及大数据、云计算和边缘计算的发展，为人工智能的发展提供了充分的数据处理能力、数据存储能力和数据流动能力的支撑。从算力上看，随着 GPU、TPU、DPU、NPU 技术的不断发展，支撑各种深度学习算法的数据运算能力，已经不再成为制约人工智能发展的瓶颈。而各种深度学习的算法，比如生成对抗网络、胶囊网络等算法，也随着运算能力的提升得以快速发展，并逐步开源化，成为助力人工智能技术飞速发展，推动语音技术、图像和视频技术发展的重要支撑。

从产业发展趋势看，人工智能将向通用智能、混合智能、自主智能发展，学科交叉成为创新源泉，法律法规更为健全。

- ✓ **从专用智能到通用智能**：即从"弱人工智能"向"强人工智能"发展。这既是下一代人工智能发展的必然趋势，也是研究与应用领域面临的挑战。

- ✓ **从机器智能到人机混合智能**：人工智能和人类智能各有所长，因此需要取长补短，融合多种智能模式的智能技术将在未来拥有广阔的应用前景。未来，人机共存将成为人类社会的新常态。

- ✓ **从"人工+智能"到自主智能系统**：目前深度学习的瓶颈是"智能来自人工"，也就是付出多少人工才有多少智能。未来需要提高机器对于环境自主学习的能力，降低在人工方面的投入成本。

- ✓ **学科交叉将成为人工智能创新源泉**：人工智能本身不是一个学科，而是一个巨大的领域，所以里面会有很多学科交叉。深度学习就是借鉴了大脑的原理，所以跟脑科学交叉融合非常重要，同时也存在着巨大的创新空间。

- ✓ **人工智能的法律法规将更为健全**：联合国犯罪和司法研究所（UNICRI）决定在海牙成立第一个联合国人工智能和机器人中心；欧洲25个国家签署《人工智能合作宣言》，共同面对人工智能在伦理、法律等方面的挑战。

- ✓ **人工智能教育将会全面普及**：在国家发布的《新一代人工智能发展规划》中指出，支持开展形式多样的人工智能科普活动。国家层面的重视将会加快人工智能在教育领域的普及。

1.4.2　我国人工智能技术的发展

1．产业战略

为了切实推动和促进我国人工智能产业的发展，从中央到地方政府陆续出台了一系列推动我国人工智能发展的重要纲领文件。国务院发布的《新一代人工智能发展规划》首次将人工智能以国家规划的形式推上国家战略层面。表 1-2 是近年来，我国人工智能发展的相关文件。

表 1-2　2017—2020 年我国人工智能发展规划文件

发布时间	政策 / 报告	发布单位	核心内容
2017 年 7 月	《新一代人工智能发展规划》	国务院	提出了面向 2030 年我国新一代人工智能发展的指导思想、战略目标、重点任务和保障措施，部署构筑我国人工智能发展的先发优势，加快建设创新型国家和世界科技强国
2017 年 12 月	《促进新一代人工智能产业发展三年行动计划（2018—2020 年）》	工信部	规划中提到，通过实施四项重点任务，力争到 2020 年，实现"人工智能重点产品规模化发展、人工智能整体核心基础能力显著增强、智能制造深化发展、人工智能产业支撑体系基本建立"的目标
2017 年 12 月	《北京市加快科技创新培育人工智能产业的指导意见》	北京市	指出到 2020 年北京新一代人工智能总体技术和应用将达到世界先进水平，部分关键技术达到世界领先水平，形成若干重大原创基础理论和前沿技术标志性成果
2017 年 11 月	《关于本市推动新一代人工智能发展的实施意见》	上海市	指出到 2020 年实现人工智能重点产业规模超过 1000 亿元；到 2030 年人工智能总体发展水平进入国际先进行列，初步建成具有全球影响力的人工智能发展高地
2017 年 12 月	《浙江省新一代人工智能发展规划》	浙江省	指出培育 20 家国内有影响力的人工智能领军企业，形成人工智能核心产业规模 500 亿元以上，带动相关产业规模 5000 亿元以上，为浙江人工智能产业领先全国打下基础
2018 年 5 月	《新一代人工智能产业发展实施意见》	江苏省经信委	指出要大力发展人工智能平台，加快发展人工智能软件产业，加快发展人工智能硬件产业，加快发展人工智能服务型企业

续表

发布时间	政策/报告	发布单位	核心内容
2019 年 3 月	《关于促进人工智能和实体经济深度融合的指导意见》	深化改革委员会	促进人工智能和实体经济深度融合，要把握新一代人工智能发展的特点，坚持以市场需求为导向，以产业应用为目标，深化改革创新，优化制度环境，激发企业创新活力和内生动力，结合不同行业、不同区域特点，探索创新成果应用转化的路径和方法，构建数据驱动、人机协同、跨界融合、共创分享的智能经济形态
2019 年 8 月	《国家新一代人工智能创新发展试验区建设工作指引》	科技部	提出开展人工智能技术应用示范、人工智能政策试验、人工智能社会实验，积极推进人工智能基础设施建设，到 2023 年，布局建设 20 个左右试验区
2020 年 1 月	当地的政府工作报告	重庆市	深入实施以大数据智能化为引领的创新驱动发展战略行动计划和军民融合发展战略行动计划，加快建设国家数字经济创新发展试验区，促进智能产业、智能制造、智慧城市协同发展，集中力量建设"智造重镇""智慧名城"
2020 年 1 月	当地的政府工作报告	山东省	深入推进"现代优势产业集群＋人工智能"，培育轨道交通、动力装备、智能家电等先进制造业集群，推进新能源汽车、核电装备等提升发展，加快氢能及燃料电池、8K 超高清视频产业布局建设
2020 年 1 月	当地的政府工作报告	江苏省	加强人工智能、大数据、区块链等技术创新与产业应用，培育壮大新一代信息技术等战略性新兴产业
2020 年 1 月	当地的政府工作报告	浙江省	做强集成电路、软件业，超前布局量子信息、类脑芯片、第三代半导体、下一代人工智能等未来产业
2020 年 1 月	当地的政府工作报告	海南省	运用大数据、云计算、人工智能、区块链等技术手段提升政府效能
2020 年 1 月	当地的政府工作报告	湖南省	力争在人工智能、区块链、5G 与大数据等领域培育一批新的增长点

2. 产业现状

由于党和国家对人工智能的高度重视，将人工智能的发展提升到国际竞争的新焦点和经济发展的新引擎的国家战略高度，所以我国的人工智能虽然起步较晚，但多项技术已处于国际领先水平，尤其是语音识别、计算机视觉等偏向于应用的通用技术层面，发展势头迅猛。但仍然应该客观地看到，我国整体水平与欧美等发达国家仍有较大差距，底层硬件及基础平台层技术薄弱，核心技术有待突破（如 AI 芯片制造工艺、云计算 PaaS/SaaS）。

如图 1-7 所示是人工智能发展的产业结构，共分为底层硬件、通用 AI 技术及基础平台和应用领域三层。

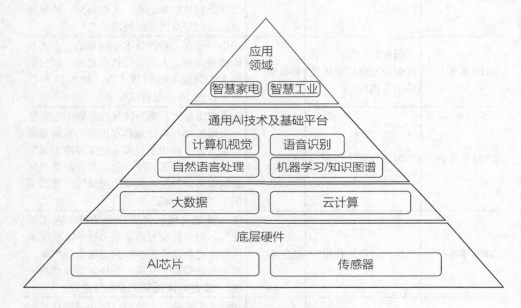

图 1-7　人工智能产业结构金字塔

低层硬件方面：在芯片制造方面，我国处于刚起步阶段，与国外存在较大差距，目前仅在推理芯片方面有所涉猎，主要厂商为寒武纪、华为、清华紫光、海康等。其中寒武纪在云端推理的 ASIC 芯片方面有较强的技术实力和竞争力。在传感器方面，美国、日本以及德国等发达国家长期处于国际市场领先地位，三国几乎垄断了全球 70% 的市场，且随着 MEMS 工艺技术的不断成熟，此增长态势将会越发明显，而我国整体上还处于追赶阶段，目前已经在研发、设计、代工生产、封装测试等环节形成了完整的产业链。

通用 AI 技术及基础平台方面：由于我们有着巨大的 AI 应用市场，市场强烈的需求倒逼中国 AI 通用技术快速发展，多项技术处于国际领先水平。在语音识别技术方面，以 K 公司、B 公司为代表的龙头企业不断推出突破性的研究成果，使得语音识别准确率稳定在 97% 以上，处于国际领先水平。其中 K 公司连续多年夺得多通道语音分离和识别大赛（CHiME）冠军。从计算机视觉方面看，Y 公司连续两次夺得 NIST 人脸识别冠军，千万分之一误报下的识别准确率已经接近 99%。在云计算方面，我国尚未形成统一的技术架构和体系，与国外存在明显差距。云计算一般可以分为 IaaS、PaaS 和 SaaS 三层，在服务深入度与技术难度上依次递增，国外企业主要集中在 PaaS 与 SaaS 层，而我国云计算企业则主要集中在 IaaS 层，与国外存在明显差距。

应用领域方面：我国巨大的市场空间催生了各种各样、层出不穷的商业应用。各厂商在工业应用和生活应用领域可谓八仙过海各显其能，为推动我国 AI 产业发展、繁荣 AI 产业生态做出了巨大贡献。

从人工智能的产业规模看，中国各级政府在数十亿元的引导基金和风险投资的推动下，正在推动人工智能创业与研究。如图 1-8 所示是 2012—2018 年中国人工智能私募股权投资市场整体情况。

图 1-8　2012—2018 年中国人工智能私募股权投资

国家科研投入持续增多。其中，人工智能是国家重点投入的领域。如图 1-9 所示是 2014—2018 年中国科研经费支出情况。

人工智能以及计算机专业大学毕业生众多，许多大学院校纷纷开设人工智能有关专业，给行业带来人才红利。2019 年，多所 985 院校开设了人工智能学院。35 所高校获人工智能新专业建设资格。

图 1-9　2014—2018 年中国科研经费支出

从人工智能的行业应用看，行业的数字化进程直接决定了人工智能应用的难度，因此应重点选择价值空间较大、基础建设成熟或趋于成熟的行业进行拓展，符合要求的行业包括安防、金融、营销、客服、交通、医疗、零售等行业。如图 1-10 所示是 2018 年中国人工智能赋能实体经济各产业份额。

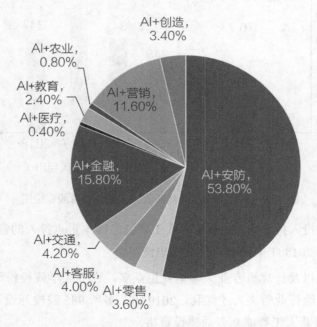

图 1-10　2018 年中国人工智能赋能实体经济各产业份额

第 2 章

AI 与 5G 网络智能切片

4G 改变生活，5G 改变社会。5G 网络需要支持超大带宽、超低延迟及海量连接场景，可服务于自动驾驶、工业控制、智能电网、大视频、AR/VR 等丰富的垂直行业应用。多样化业务、灵活部署要求以及复杂网络形态，给 5G 网络运维带来巨大挑战，依靠传统手工、半自动运维模式已经满足不了需求。在数字化时代，5G 网络切片智能运维成为必然。人工智能技术在解决高计算量数据分析、跨领域特性挖掘、动态策略生成等方面具备天然优势。引入 AI 技术可进一步提高网络部署和运维效益，提升资源利用率，降低运营成本。网络切片是 5G 网络的一个重要特性，通过对网络资源灵活分配，能力灵活组合，基于一张物理网络虚拟出网络特性不同的逻辑子网，以满足不同场景的定制化需求。网络切片运维实质上就是提供切片实例的全生命周期管理，包含设计、开通、SLA 保障、终结等阶段。网络切片带来极大灵活性的同时，也增加了运维管理复杂度。基于人工智能来增强切片自动化管理能力是必然趋势。

本章在分析智能切片需求的基础上，结合主要标准组织关于网络切片智能化的研究现状，提出了智能切片的整体架构和业务流程，重点关注智能切片中的 AI 技术，并进一步探讨智能切片在实施过程中的商用模式和应用案例。本章节可服务于运营商后续基于 AI 构筑 5G 网络切片灵活调整的能力，以适应 5G 网络发展，匹配垂直行业需求，实现拓扑灵活可配置、资源专属可保障的智能网络。

2.1 5G 业务多样化与网络需求弹性化

5G 业务的多样化和复杂化对运营商网络的灵活性和弹性提出了更高的要

求和挑战，运营商需要以业务需求为驱动，通过 AI 和切片技术，精准分析网络需求弹性，灵活编排网络，保证用户良好的网络使用感知。

首先，5G 业务需求多样化带来用户网络需求的多变性。不同用户、不同场景、不同时段网络的需求都存在较大差异。比如玩即时战略游戏对网络的要求显然跟看视频对网络的要求是不同的，前者强调时延，后者更关注带宽，2 ms 时延和 100 ms 时延的网络需求显然是有差异的，1K 视频和 8K 高清视频显然也不同。又比如在演唱会、体育赛事等大型 VR 直播时，2 ～ 3 个小时的网络需求需要运营商提供快速、稳定的网络连接服务，而一旦比赛结束后，这个网络需求就消失了，网络需求的弹性特点非常明显。

其次，5G 业务需求的复杂性带来用户网络需求弹性。5G 时代业务需求场景日趋复杂，主要业务需求从行业应用转变到聚类应用。如图 2-1 所示。

图 2-1　5G 时代主要业务需求从行业应用转变到聚类应用

聚类应用业务的一个典型特征就是由超级连接带来的边缘智能需求。如果把 5G 网络比喻为交通，连接的设备就是车辆，网络就是道路。随着车辆的增多，城市道路将变得拥堵不堪……为了缓解交通拥堵，交通部门不得不根据不同的车辆、运营方式进行分流管理，比如设置 BRT 快速公交通道、非机动车专用通道等。

聚类应用给万物互联带来了巨大的网络压力,连接数量成倍增加,用户的网络需求也越来越复杂,我们需要通过网络切片的方式对用户的网络需求进行满足。同时,在万物互联时代,随着接入 5G 网络的物联网边缘设备越来越多,业务场景也变得日趋复杂,其中一个典型的场景就是高可靠、低延迟的业务场景,比如远程医疗、无人驾驶等业务场景,这些场景要求 5G 网络能够快速及时地对数据传输和计算做出快速反馈和响应。我们需要通过 AI 算法精准预测不同用户在不同场景、不同时段的网络需求弹性,分析切片过程中存在的问题,为网络切片服务和计费模式提供数据支撑。网络切片的含义见 2.2 节。

最后,网络功能的虚拟化也需要 AI 的注智。5G 时代,为了支持更加复杂多变的业务场景,要求运营商的网络架构是云网一体的,是支持 NFV(网络功能虚拟化)的。所谓 NFV 是将传统电信设备功能,通过软件的形式部署在通用服务器上,实现网络功能和硬件设备的解耦,便于网络功能的快速迭代。尽管 NFV 的引入可以在理论上为网络带来极大的敏捷性,但因为网络架构的变化,也给网络的故障定位以及网络资源的动态调整带来了新的挑战,这些仅仅依靠传统的人工方式,很显然是无法有效支撑的,需要引入 AI 能力,进行更加合理的网络编排,更加科学的网络容量需求预测,更加智能的网络故障预测预警。

2.2　5G 网络智能切片概述

5G 网络切片是面向特定的业务需求,满足差异化 SLA(Service Level Agreement,服务等级协议),自动化按需构建相互隔离的网络实例。5G 网络切片具备了"端到端网络保障 SLA、业务隔离、网络功能按需定制、自动化"的典型特征,它能使通信服务运营商动态地分配网络资源、提供 NaaS(网络即服务)服务;同时也为行业客户带来更敏捷的服务、更强的安全隔离性和更灵活的商业模式。

网络切片如图 2-2 所示,本质上就是将运营商的物理网络划分为多个虚拟网络,每一个虚拟网络根据不同的服务需求,比如延迟、带宽、安全性和可靠性等来划分,以便灵活地应对不同的网络应用场景。

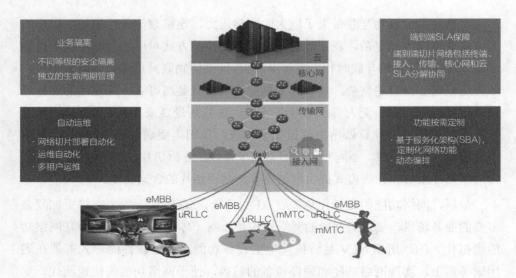

图 2-2   5G 弹性业务需求下的网络切片

通过 5G 切片可以为终端用户、租户和运营商带来以下价值。

✓ **终端用户**：通过端到端切片网络的端管云协同提供的SLA（服务等级协议），终端用户可获得最佳的业务体验。

✓ **租户**：以资源共享为基础可以降低网络使用成本，通过隔离技术和按需部署可以实现端到端可保障的网络SLA，通过按需功能定制可以实现快速业务需求和业务升级、演进，通过切片网络提供的开放能力实现简单的运维和网络能力的使用。

✓ **运营商**：最大化网络基础设施的价值，使能和开拓庞大的垂直行业用户群；通过资源共享、动态部署实现高效、快速建网，同时，业务上线和业务创新更加快捷，将促进新的产业生态环境的形成。

2.2.1   5G网络智能切片的概念与特征

网络切片的概念具有丰富的特征，网络切片是面向租户、满足差异化SLA、可独立进行生命周期管理的虚拟网络，是自动化按需构建的相互隔离的网络实例。5G网络切片具备了"端到端网络保障SLA、业务隔离、网络功能按需定制、自动化"的典型特征。

✓ **端到端 SLA 保障**：5G 网络切片由核心网、无线、传输等多个子域构成，网络切片的 SLA 由多个子域组成的端到端网络保障。网络切片实现多域之间的协同，包括网络需求分解、SLA 分解、部署与组网协同等。

✓ **业务隔离**：网络切片为不同的应用构建不同的网络实体。逻辑上相互隔离的专用网络确保不同的切片之间业务不会相互干扰。

✓ **功能按需定制、动态编排**：5G 网络将基于服务化的架构，同时软件架构也将进行服务化重构，以此形成网络可编排的能力。面向不同行业多样化的网络需求，5G 网络可以提供按需编排的能力，为每个应用提供不同的网络能力。同时，5G 网络分布式特点可以根据不同的业务需求部署在不同的位置，来满足不同业务延迟的要求。

✓ **自动运维、多租户运维**：自动化是网络发展的目标。相对于传统网络一张大网满足所有要求，5G 通过切片技术将一张网裂变成多张网，理论上 5G 的繁荣必然会带来运维难度大幅增加，因此自动化是 5G 网络必然要具备的一个特征。从节奏上来说，一次性地实现全自动化非常困难。通过分割网络切片生命周期中各个环节的操作，允许工作流中的每个环节都支持人工、半自动或者全自动的方式进行处理，伴随着用户网络规划能力的发展，以及网络的扁平化、简单化，最终达成自动化。网络切片允许向特定租户（比如行业用户）提供定制化的网络服务，租户对网络具备一定的操作管理能力。租户运维人员所具备的知识与能力模型与传统运营商运维人员不同，需要面向租户的运维人员提供易观察、易操作、易管控的运维界面，实现租户的"自助服务"。

2.2.2　5G 网络智能切片端到端结构

网络切片是端到端的，包含多个子域，并且涉及管理面、控制面和用户面，其端到端架构如图 2-3 所示。

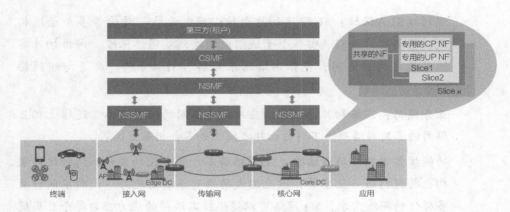

图 2-3　5G 网络切片端到端的架构

端到端切片生命周期管理架构主要包括以下几个关键部件。

✓ **CSMF**（Communication Service Management Function）：切片设计的入口。承接业务系统的需求，转化为端到端网络切片需求，并传递到NSMF进行网络设计。同时，如果在网络切片生命周期过程中，需要协同核心网、传输和无线等多个子域/子网协同，则需要由NSMF进行。

✓ **NSMF**（Network Slice Management Function）：负责端到端的切片管理与设计。得到端到端网络切片需求后，产生一个切片的实例，根据各子域/子网的能力，进行分解和组合，将对子域/子网的部署需求传递到NSSMF。

✓ **NSSMF**（Network Slice Subnet Management Function）：负责子域/子网的切片管理与设计。核心网、传输网和无线网有各自的NSSMF。NSSMF将子域/子网的能力上报给NSMF，得到NSMF的分解部署需求后，实现子域/子网内的自治部署和使能，并在运行过程中，对子域/子网的切片网络进行管理和监控。通过CSMF、NSMF和NSSMF的分解与协同，完成端到端切片网络的设计和实例化部署。

2.2.3　5G网络智能切片的RAN侧技术挑战

从切片管理的角度看，资源隔离是网络切片的重要特性，它能够使一个切片的故障、拥塞，不影响另一个网络切片的工作。虽然无线资源可以通过资源独占的方式实现完全的隔离，然而考虑到无线资源受频率、用户业务分布与密度，以及资源利用效率、网络管理复杂度等因素的影响，需结合切片的业务体验，以动态调度的方式让不同的切片共享无线资源以实现资源利用的最优化。如图 2-4 所示，切片管理系统下发最大空口资源和保障空口资源（根据签约及付费计算而来）给 RAN 侧，RAN 侧在保障空口资源及最大空口资源范围内，可以根据资源实际使用情况动态进行调整。例如，根据当前资源实际使用情况以及历史同期数据的规律，并考虑一定的资源预留（如 20%）作为下一期的资源分配策略。在切片整个运行过程中，切片管理系统可以根据用户签约更新等情况，来调整下发到 RAN 侧的最大空口资源并保障空口资源参数，RAN 侧再进一步做出相应的调整。因此，如何高效地利用空口资源是 RAN 侧实现切片的首要挑战，在 5G R17 版本中会继续进行研究。

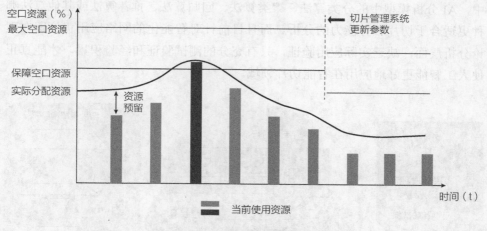

图 2-4　RAN 切片资源动态调整

此外，当用户发生漫游或切换时，如何通过必要的切片管理策略以及无线侧移动性管理手段，降低无线侧切片部署对用户业务连续性的影响，也是未来部署和使用网络切片在 RAN 侧可能遇到的技术挑战。

2.2.4　5G网络智能切片的AI平台和分析系统

随着计算机处理能力的不断提高以及云存储领域的最新发展，AI 技术在网络智能运维、网络智能运营、云视频监控、视频智能广告等多方面的应用印证了在电信领域引入 AI 系统的必要性。

　　网络切片作为 5G 的一项关键技术，通过逻辑专网服务垂直行业，它可灵活地为切片用户提供按需定制、实时部署、动态保障、安全隔离等服务。跟传统网络相比，网络切片不仅带来了灵活性，同时也带来了管理和运维方面的复杂性，比如需要引入专门的管理网元来实现切片实例化全生命周期管理，还需要硬件、资源、切片部署、应用的多维度关联管理。所以基于人工智能来增强切片自动化的能力是不可避免的发展趋势。

　　现有的某些标准中已定义了一些网络数据分析功能，如核心网的 NWDAF 和网管的 MDAF，均可理解为 AI 分析系统的一个智能分析模块，能够为网络切片的优化部署及用户体验保障进行协同处理。

　　但如何将 AI 分析有效地引入到智能切片仍需要进一步分析，比如在图 2-5 中，AI 分析模型中的分类算法、聚类算法、回归算法、推荐算法或其他算法哪种更适合于切片服务能力的分析。而且目前针对智能化的网络应用仍停留在理论分析层面，缺乏实际应用验证，只有充分的测试验证和经验积累，才能真正使人工智能更好地应用在智能切片领域。

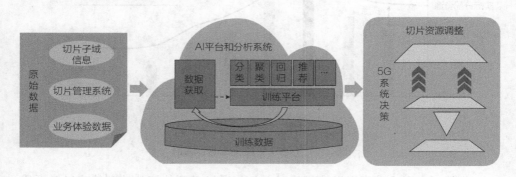

图 2-5　AI 平台和分析系统

2.2.5　5G网络智能切片的智能部署

　　端到端网络切片部署是由切片管理系统将切片租户需求分解为无线、传输网、核心网各域的网络配置参数。由于网络配置参数包含 QoS 相关参数（时延、速率、丢包率、抖动等）、容量相关参数（用户数、激活用户数）、业务相关参数（覆盖区域、应用场景、安全隔离）等众多内容，因此，如何合理分解配置参数将直接影响切片能否满足切片租户的需求。端到端 SLA 参数分解如图 2-6 所示。

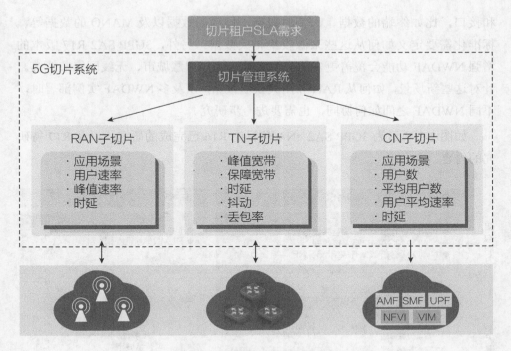

图 2-6 端到端 SLA 参数分解

在切片部署中引入智能化分析，基于大数据分析和人工智能特征挖掘技术，根据切片模板信息和实际关联的云网资源信息以及配置参数等上下文参数，结合无线、传输网、核心网等切片实例 SLA 测量数据进行分析，给出最合理的无线、传输、核心网子切片模型以及部署资源需求、配置参数推荐，能最大化匹配租户需求和提升网络资源使用效率。

2.2.6 5G 网络智能切片的标准化增强

3GPP SA2 R16 版本 eNA 项目分析了网络自动化不同的应用场景和需求，定义了服务调用者如何调用 NWDAF 服务以获取切片 QoE 等信息，以及 NWDAF 如何从 5G 网络功能、网关、应用获取原始数据，单设备商已经能够实现智能切片的部署需求。然而 5G 切片是端到端的网络，包括多个设备商的设备和相关的管理系统，因此，异设备商之间的设备互相联通需要在标准层面进一步明确定义。

网络中仍然有很多对 NWDAF 进行模型训练有益的数据尚未定义收集方法

和接口，比如终端的数据、UPF 的数据、传输的数据以及 MANO 的数据等，标准化需要定义如何从这些来源收集相关数据。另外，3GPP SA2 R17 版本的增强 NWDAF 功能会覆盖更多的应用场景，比如智慧城市、无线网络节能等。针对这些新场景，如何从 RAN 和网关获取数据，以及多 NWDAF 实例部署时，不同 NWDAF 之间如何协同，也需要进一步研究。

如图 2-7 所示为 3GPP SA2 eNA 项目中 R16 已完成的研究，以及 R17 待研究的内容。

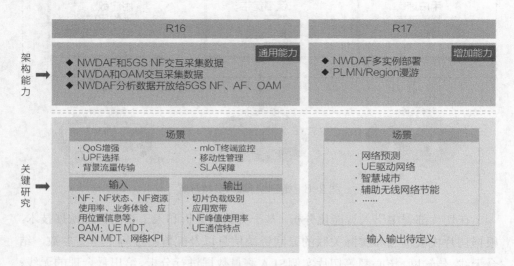

图 2-7　3GPP SA2 eNA 项目研究进展

2.3　应用于 5G 网络切片中的 AI 技术

2.3.1　5G 网络智能切片的设计流程

1. 基于 AI 网络智能切片的总体架构

智能切片在 5G 网络切片系统中引入 AI 分析系统，该系统以租户需求数据、网络切片运行数据等作为数据源，通过智能分析算法计算得出能够匹配租户业务需求的网络能力，进而动态调整网络切片的服务能力。

智能切片总体架构如图 2-8 所示，包括租户（运营商自身业务或第三方业务）、切片管理系统（包括网管和其他管理系统）以及包含智能分析系统的 5G 网络。智能分析系统作为连接运营商网络与切片租户的媒介，借助于成熟的人工智能或者机器学习技术，可以实现网络切片的体验评估、网络切片的资源配置优化等功能。

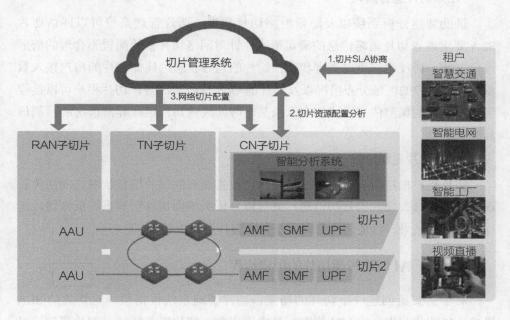

图 2-8　基于 AI 的网络需求弹性分析的网络智能切片的总体架构

切片在创建阶段、运行阶段和更新阶段均需要切片管理系统和智能分析系统交互，以便确定资源配置信息或获取切片运行动态情况以确定是否进行资源调整。切片状态变迁和切片管理系统、智能分析系统间的交互示意如图 2-9 所示。

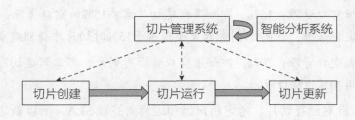

图 2-9　切片状态变迁及与周边系统交互示意图

（1）切片创建阶段

切片租户根据自身的业务需求与运营商进行切片的 SLA 协商，并且向切片管理系统进行切片的订购。切片管理系统和智能分析系统交互确定切片的资源配置信息，以便完成 5G 网络切片的创建。

（2）切片运行阶段

借助智能分析系统以及海量网络切片数据，切片管理系统可以评估切片 SLA 要求或者切片策略信息的满足情况，针对网络切片初始配置不合理的情形进行更新。切片租户可以查询和监控切片的运行状态，比如切片的用户接入数量、切片用户的区域分布情况以及切片的 QoS 保障情况等。切片租户可以接收到切片运行的预测信息，比如在未来某个时间段内切片运行异常情况的预测信息等。

（3）切片更新阶段

切片租户根据自身业务数据的反馈以及查询到的切片运行状况，向切片管理系统申请修改切片的订购信息；或智能分析系统向切片管理系统反馈切片运行状态分析结果，以便切片管理系统完成切片资源更新。

2. 基于 AI 网络智能切片的创建流程

对于需要新创建一个切片的场景，切片管理系统根据租户对切片的 SLA 要求（如切片列表、PLMN 列表、最大用户数、切片服务区域、切片端到端时延、切片中终端的移动等级、切片资源共享等级）进行各域（接入网、传输网、核心网等）的 SLA 分解，进而进行各域资源配置，包括带宽、时延等。相对于核心网和传输网，RAN 侧存在资源共享，面临更大的挑战。针对 RAN 侧新建切片的资源配置示例如下。

✓ 保障空口资源：15%，即如果新建切片需要15%的空口资源，那么RAN一定会保障，在RAN侧资源大于或等于15%时切片才会创建成功。

✓ 最大空口资源：70%，即如果空口资源有剩余，那么新建切片最大可以占用70%的空口资源。

另外，针对已存切片，考虑租户已和运营商签署 SLA，所以新建切片应避免影响已存切片。切片创建流程如图 2-10 所示。

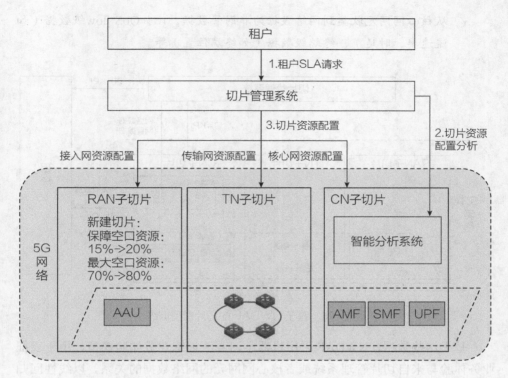

图 2-10　5G 网络智能切片的创建流程

3. 基于 AI 网络智能切片的运行流程

切片创建成功后，当前网络可以实时监控切片运行状态的 KPI，比如资源的使用率、负载、切片用户数等，然而缺乏实时监控切片中的业务体验，无法有效评估整个切片在运行状态的切片 SLA。借助 3GPP 引入的 NWDAF 网元，基于收集的网络数据和业务体验数据进行业务模型训练，可以实时监控切片中的业务体验，如图 2-11 所示。

针对切片的某个业务，NWDAF 可以从切片管理系统以及核心网网元收集网络数据。此外，经过与切片租户的协商，NWDAF 也可以从切片租户的应用收集属于该切片的业务体验数据（该数据必须是经过切片租户特定处理的，不涉及用户隐私和业务特性的非敏感数据），其中：

✓ 从切片管理系统获取的网络数据为网管数据，可以包括终端级别的路测数据、网元级别的性能数据、网络级别的 KPI 数据。

✓ 从核心网网元收集到网络数据为非网管数据，比如QoS flow级数据（如流速率、时延）、终端级数据（如终端位置）等。

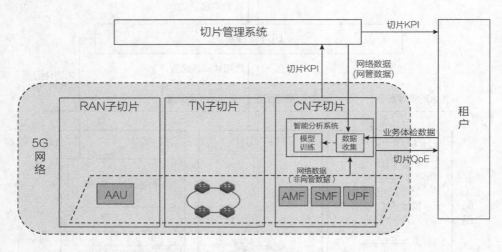

图 2-11　基于 NWDAF 的切片模型训练

基于这些数据，NWDAF 采用机器学习算法训练业务体验模型，用于表征业务体验与来自切片管理系统或者核心网网元的网络数据的关系。以线性回归（Linear Regression，LR）机器学习算法为例，业务模型可以表征为：

$$h(x) = w_0 x_0 + w_1 x_1 + w_2 x_2 + \cdots + w_D x_D \qquad (2\text{-}1)$$

式中：$h(x)$ 为业务体验，即 Service MOS；$x_i(i = 0, 1, 2, \cdots, D)$ 为网络数据，包括网管和非网管数据，D 为网络数据的维度；$w_i(i = 0, 1, 2, \cdots, D)$ 为每个网络数据影响业务体验的权重，D 为权重的维度。

4. 基于 AI 网络智能切片的更新流程

如图 2-12 所示为 5G 网络智能切片的更新流程。切片运行过程中，考虑到无线信道的变化、切片话务模型的变化、切片用户数的变化，切片的初始资源配置可能无法在切片的整个生命周期中始终满足切片 SLA 要求，网络需要具备智能调整切片资源的能力。切片管理系统可以从 NWDAF 获取到的切片业务体验以及切片运行状态的 KPI 等信息评估切片租户的 SLA 满足情况，以便切片管理系统相应地更新切片资源配置（比如针对核心网资源可以通过 NFV 扩缩容的方式）。

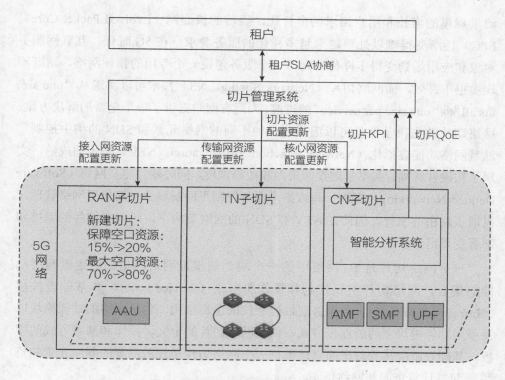

图 2-12 5G 网络智能切片的更新流程

✓ 如果当前网络资源超额满足切片 SLA 要求，则切片管理系统可以降低切片的资源配置。

✓ 如果当前网络资源不能满足切片 SLA 要求，则切片管理系统可以增加切片的资源配置。

比如，新建切片的保障空口资源 15% 和最大空口资源 70%，经过切片管理系统分析后无法满足切片 SLA 要求，切片管理系统增加无线侧资源配置，保障空口资源从 15% 提高到 20%，最大空口资源从 70% 提高到 80%，切片管理系统将新的资源配置下发到无线侧。

2.3.2 基于GA-PSO优化的网络切片编排算法

以用户为中心是未来 5G 网络架构设计的主要理念，这要求 5G 网络具有对各种业务场景进行按需组网和灵活部署的能力，随着用户终端数量的增加、流量规模的增长和用户需求的多样化，当前的核心网（Evolved Packet Core，EPC）逐渐变得难以处理越来越多样化的服务要求。在 5G 时代，互联网服务对象和应用场景变得多样化，为每一个服务建设一个专用的物理网络，这既不现实也不高效，而网络切片（Network Slicing，NS）技术可以实现从 "one size fits all" 向 "one size per service" 的过渡，为现有网络提供了一个全新的解决方案。网络切片的先决条件是可以虚拟化各种不同的网络元素和 SDN 的集中控制，随着网络功能虚拟化（Network Function Virtualization，NFV）技术的成熟，实现了软硬件解耦、共享基础设施资源和按需调度，同时软件定义网络（Software Defined Networking，SDN）将数据平面与控制平面解耦合，简化了网络管理，灵活了路由的配置，因此在 NFV 和 SDN 的网络架构下，对网络切片的编排和部署变得可行。

一个网络切片是 5G 网络中的一个端到端虚拟网络，是一组逻辑网络功能的集合。网络切片主要控制和操作服务层（Service Layer）和基础设施层（Infrastructure Layer）。服务层描述系统的逻辑结构，包括网络的功能模块以及不同功能模块之间的连接方式，提供网络切片的定义、操作和部署方式的模板。基础设施层从物理层面描述维持一个网络切片运行所需要的网络元素和资源，包括计算资源和网络资源。

1. 基于网络切片划分的路由模型

3GPP 将 5G 的主要应用场景分为三大类，分别是增强型移动宽带（Enhanced Mobile Broadband，eMBB）、大规模机器型通信（Massive Machine Type Communication，mMTC）、超高可靠、超低时延通信（ultra Reliable and Low Latency Communication，uRLLC）。mMTC 和 uRLLC 是人与机器、机器与机器之间的通信，是物联网的主要应用场景；而 eMBB 主要用于改善人与人之间的通信体验，是在现有移动宽带业务场景的基础上，对于用户的体验等性能的进一步提升。3 种主要业务场景需求不同，性能要求指标也不同，因此在 NFV 和 SDN 的网络架构下，对切片的编排会直接影响网络的负载、资源利用率和能耗等。基于 SDN 技术，研究人员在优化网络切片编排、提高资源利用率方面做了很多研究。Koerner M 等提出利用 SDN 技术为每个服务建立自己的虚拟网络，在网络内部实现负载均衡。谷歌则基于自己的数据中心，提出 B4 架构，实现了基于 SDN 的数据中心间的流量工程，链路利用率接近 100%。吴一娜提出基于切片划分的网络资源控制机制，通过贪婪策略对网络需求进行排序，再逐一编排。这些研究方法都是建立在网络状态较为简单的数据中心进行的网络资源的优化，没有考虑到应用服务在带宽、时延和可靠性方面的复杂需求，并且大多仅针对网络资源利用率或 QoS 等单个目标，关于 NS 的编排算法也多从网络局部的信息针对单一目标进行算法的优化，缺少对网络的整体考虑。

为了解决以上问题，一种基于 GA-PSO 的网络切片算法被提出。本节将网络的优化转化为对网络切片的编排，通过对用户流量的统计分析，知道整网的流量分布特征，预先构造好基本切片，然后再对实时的流量分析负载和需求，构造切片并将构造的结果通过 OpenFlow 协议流表的形式部署在交换节点上。基于该算法的网络资源控制模型具有以下特征：根据带宽和时延分类阈值将需求相近的归为一类，为同一种切片；NFV 实现对物理资源的虚拟化，SDN 控制器根据网络负载和流量的情况生成路由策略、部署路由策略。

2. GA-PSO 切片生成算法

在基于网络切片划分的路由模型中，切片划分的优劣直接决定了网络的负载情况和资源利用率，因此切片的生成对基于 NFV/SDN 的网络切片架构系统来说至关重要。另外，现有的切片划分算法一般是采用贪心策略，对网络中的需求逐个进行资源的划分和路由的选择，缺少全局优化，没有将 SDN 掌握全局信息、集中控制的优点发挥出来，并且当网络负载非常大的时候，逐个划分的时间复杂度太大，很难满足实时性需求。

3. PSO 算法

粒子群优化（Particle Swarm Optimization，PSO），是由 Kennedy J 和 Eberhart R C 等人于 1995 年开发的一种群智能算法。在 PSO 算法中每个优化问题的解都是搜索空间的一只鸟，被抽象为没有质量和体积的粒子，粒子的位置代表被优化空间在搜索空间中的潜在解，所有粒子都有一个评价函数决定的适应值。每个粒子根据自身和周围粒子的经验在搜索空间中调整自己的位置和速度。基础的 PSO 算法定义了两个非常重要的参数：某一代种群中，粒子适应度最高的称为 pbest；所有种群的粒子至今为止发现的全局最优解称为 gbest。将其所找到的位置保存下来，用于引导和更新粒子的位置和速度。位置 $x_{i,j}(t+1)$

和速度 $v_{i,j}(t+1)$ 的更新方程如下：

$$v_{i,j}(t+1) = wv_{i,j}(t) + c_1 r_1 \left[p_{i,j} - x_{i,j}(t) \right] + c_2 r_2 [g_{i,j} - x_{i,j}(t)] \qquad (2\text{-}2)$$

$$x_{i,j}(t+1) = x_{i,j}(t) + v_{i,j}(t+1), j = 1, 2, \cdots, d \qquad (2\text{-}3)$$

式中：w 为惯性权重；c_1 和 c_2 为正的学习因子；r_1 和 r_2 为 0 到 1 之间均匀分布的随机数。

4. GA-PSO 算法的基本思想

PSO 最初被用于函数优化方面，而 5G 中网络切片的划分问题本身是为所有用户的流量需求计算出一个合理的路由方案，属于网络路由问题，因此需要重新设计评价函数和粒子更新算法。针对以上问题，本章借鉴遗传算法（Genetic Algorithm，GA）中的杂交和变异的思想，首次将杂交和变异的思想应用于切片优化，一个切片本身作为一个子图代表一个可行解，因此种群的进化和粒子的迁徙就转化为子图杂交的过程。

算法的基本思想是根据 3GPP 提出的 3 种主要应用场景得到两类原始粒子，再由这两类原始基本粒子进一步初始化得到一定数量的基本粒子，形成初始的种群。每个粒子代表一个拓扑子图，评价每个粒子的适应度，存储当前个体最优的粒子和全局最优粒子，按照杂交和变异的思想对子图进行更新优化，产生新的拓扑子图。粒子群追随当前最优粒子在解空间中搜索，即通过迭代找到最优子图作为最终的路由方案。

5. GA-PSO 算法的基本粒子适应度评价函数

中国 IMT-2020（5G）推进小组在 2020 年 2 月 11 日发布的《5G 概念白皮书》中，将未来移动互联网和物联网的主要应用场景分为连续广域覆盖、热点大容量、低功耗大连接和低时延高可靠，各场景需要的关键能力指标为高带宽的体验速率、超高的流量密度、超高的连接密度、低时延高可靠。综合这 4 种关键能力指标，本节选用时延、带宽两个参数来刻画未来 5G 应用场景的性能指标。

网络切片的性能有不同的性能参数表征。但不同的参数具有不同的取值范围和单位，因此无法进行量化比较与分析，所以本章采用 0 均值归一化方法将不同的传输参数归一化（Normalization）。归一化计算式为：

$$v^{\text{nor}} = \frac{v - \mu}{\sigma} \qquad (2\text{-}4)$$

式中：v^{nor} 为性能参数归一化值；v 为性能参数；μ 为性能参数的均值；σ 为性能参数的方差。

评价一个粒子的适应度是根据它所代表的切片的传输参数做出的，也就是说粒子的适应度即 NS 的适应度。基于上述性能参数归一化，使得对 NS 的量化分析变得可行，同时考虑到 5G 应用场景的分类和传输参数的选择以及对微小变化的反应，本节以指数函数为基础设计的粒子适应度评价函数如下：

$$\text{Fitness}(\alpha, \beta, D, B) = -\alpha e^D + \beta e^B \tag{2-5}$$

式中：D 为归一化后的一个子图中时延最大的路径时延值；B 为归一化后的一个子图中链路的最小带宽；α 为低时延需求类切片占所有切片的比例；β 为高带宽需求类切片占所有切片的比例。

6. 基本粒子更新

标准 PSO 算法中的粒子通过式（2-2）、式（2-3）跟踪粒子本身所找到的最优解和整个种群目前找到的最优解来更新自己。本节中，根据网络切片的实际问题特点对传统的方法进行改进，借鉴 GA 中的杂交和变异的思想，将杂交和变异的思想应用于子图优化中。

（1）子图杂交

将当前的粒子所代表的子图依次与局部最优子图和全局最优子图杂交，然后对杂交后的子图进行优化。杂交步骤如下。

步骤 1：找出当前粒子与局部最优子图、全局最优子图相同的节点。

步骤 2：如果当前粒子与局部最优子图相同节点数小于 4 个，并且与全局最优子图相同节点数也小于 4 个，则进入子图变异。

步骤 3：如果当前粒子与局部最优子图相同节点数大于 3 个，则随机在相同的节点中选择两个节点，交换这两个节点之间的路由，并保持联通性，否则进入步骤 4。

步骤 4：如果当前粒子与全局最优子图相同节点数大于 3 个，则随机在相同的节点中选择两个节点，交换这两个节点之间的路由，并保持联通性。

步骤 5：删除所有既不是源节点也不是目标节点的叶子节点。

步骤 6：输出这个杂交后的新子图。

（2）子图变异

根据变异概率，随机选择一个不在切片路由内的点，就近接入路由内。变异本身是一种局部随机搜索，与杂交算子结合在一起，保证了种群更新的有效性，增强了粒子群的局部随机搜索能力；同时使得粒子群能够保持多样性，防止局部过早收敛。因为设置的变异概率 P_m 非常小，所以可以避免算法退化为随机搜索。变异步骤如下。

步骤 1：初始化一个随机值。

步骤 2：如果大于 P_m，则进入步骤 3；否则，转入步骤 4。比较这个值与变异概率 P_m 的大小。

步骤 3：随机选择不在路由路径中的一个点，选择适应度最高的两条路接入子图。

步骤 4：输出切片。

7. 算法实施步骤

基于 GA-PSO 优化的网络切片编排算法具体步骤如下。

步骤 1：归一化表征网络切片性能的传输参数，归一化方法按照式（2-4）。

步骤 2：使用最短路径算法生成 3 个基类 NS：低时延类切片、高带宽类切片和高可靠类切片，组成杂交池，池内切片按照杂交和变异算法随机两两杂交，初始化 $2n$ 个粒子，每个粒子即一个 NS，代表一个拓扑子图 G。

步骤 3：每类切片，选择合适的参数，按照 Fitness（α，β，D，B）计算种群粒子的适应度，并进行排序，选择适应度最高的 n 个粒子组成初始化种群。

步骤 4：记录步骤 3 适应度最高的切片，为局部最优粒子 G_{pb}，同时也是全局最优粒子 G_{gb}。

步骤 5：设置迭代次数 m 和描述最优解稳定性的最优解控制阈值 threshold。

步骤 6：根据局部最优 NS 和全局最优 NS，采用杂交、变异的方式更新粒子群中的所有粒子。

步骤 7：按照 Fitness（α，β，D，B）计算种群粒子的适应度，更新局部最

优粒子 G_{pb}，如果当前的局部最优粒子 G_{pb} 的适应值高于当前的全局最优粒子 G_{pb}，则更新全局最优粒子；否则最优解控制计数器加 1。

步骤 8：检查迭代终止条件，如果迭代次数达到 m 次或者最优解控制计数器的值大于最优解控制阈值 threshold，则进入步骤 9，否则返回步骤 6。

步骤 9：输出最优子图 G_{gb}。

8. 实验环境

为了验证本节所提出的基于 GA-PSO 优化的网络切片编排算法的性能，设计了实验环境，拓扑结构如图 2-13 所示。网络环境中节点 O_1、O_2、$\cdots$、O_n 为源（O）节点，负责接纳用户的流量；D_1、D_2、$\cdots$、D_n 为目的（D）节点；S_1、S_2、S_3、$\cdots$、S_m 为运行 OpenFlow 协议的交换机；控制器为整个 SDN 的控制器。本节通过在相同环境下实现基于网络切片的 GA-PSO 和贪心策略算法以及不使用网络切片而选择优先级较高路径转发的传统 OSPF 算法，比较不同网络规模下，网络路由生成所用时间，并将每种算法的路由策略部署于实验网络，根据源节点接入业务流量的不同，测量不同负载时整个网络的资源利用率，以验证本节算法的稳定性和高效性。

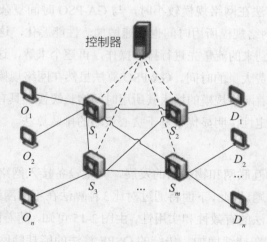

图 2-13　实验环境拓扑示意

9. 实验设计与结果分析

本节选择两种算法与提出的 GA-PSO 进行对比。方法一为 OSPF 算法：它是数据链路状态路由协议，采用最小生成树算法，即在传统网络不使用网络切片，按最短路径转发，不考虑负载均衡；方法二为贪心策略：在使用网络切片情形下，采用贪心策略进行 QoS 需求（切片）排序，再针对每个切片进行路由选择。

在下面的实验分析过程中，首先保持流量需求即切片总量不变，通过增加网络的节点（网络规模变化）来比较 3 种算法在生成路由策略所用时间和部署路由之后的能耗；然后又使用相同的网络拓扑（网络规模不变），针对不断变化的各类流量需求，对 3 种算法在能耗和资源利用率方面的性能进行分析。

首先比较不同的网络规模下，在流量需求数目相同的情况下（本节取流量数目为 30）3 种方法的性能。

（1）时间复杂度

在未来 5G 网络中，无论是热点大容量还是低时延、高可靠的业务场景，对于大量新到来的流量需求，控制器必须尽可能快地部署路由策略，否则会严重影响服务质量，因此算法的时间复杂度是一个非常重要的指标，它标志着算法在实际部署环境下能否达到预期效果。由图 2-14 可知，OSPF 算法仅基于链路状态进行最短路径路由转发，不考虑各链路间负载均衡，相对时间复杂度较低，但是当实际中进行网络部署时网络规模增大带来的整体负载不均衡将影响网络性能。采用贪心策略的算法在网络规模较小时，与 GA-PSO 时间复杂度相近甚至优于 GA-PSO，但随着网络规模所用时间也迅速增加，性能恶化，这主要由于采用贪心策略的算法，对到来的流量先进行排序操作，再逐个求解，这大量重复了路由的计算和选择，浪费大量的时间。GA-PSO 算法虽然在网络规模较小所用时间并不是特别少，但随着网络规模的增大其所用时间增长缓慢，具有良好的针对不同规模网络的耗时稳定性，明显优于基于贪心策略的排队算法。

（2）能耗

随着未来移动互联网和物联网的发展，大量设备接入网络，节能问题成为不可回避的重要问题。因此，下面将通过对比 3 种算法在不同网络规模下的能耗，进一步证明本节算法的有效性和实用性。由图 2-15 可知，随着网络规模的扩大，几种算法的能耗都在持续增加。传统的 OSPF 算法的能耗随网络规模的扩大急剧上升。同时，基于贪心策略的排序优化算法的能耗虽然也在持续升高，但在相同的网络规模下，它的能耗明显低于 OSPF 算法的能耗，高于 GA-PSO 算法的能耗，这主要因为基于贪心策略的排序优化算法缺少全局的考虑，只是局部选择最优路径，因此无法从整体上优化网络的能耗。GA-PSO 利用粒子的不断变迁，通过群智能从整体上优化网络路由，从而降低网络能耗，由图 2-15 可和，网络规模越大，**GA-PSO** 算法较另外两种算法的能耗优势越明显，同时随着网络规模的增大，**GA-PSO** 算法的网络能耗增长缓慢，表现出良好的均衡能力，能耗具有稳定性。

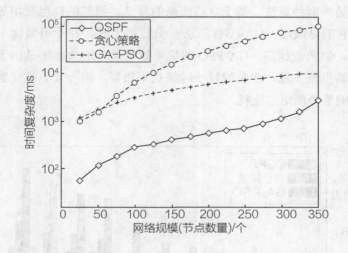

图 2-14   不同的网络规模下 3 种算法的时间复杂度

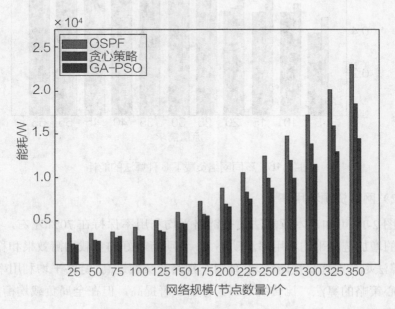

图 2-15   不同网络规模下 3 种算法的能耗

　　为了进一步评价 3 种算法在不同网络需求下影响的性能，接下来在 200 个网络节点的前提下，考虑不同网络负载时的能耗和链路平均利用率。

（1）能耗

　　由图 2-16 可知，随着网络负载的增加，OSPF 算法的能耗在持续增加，并且明显高于另外两种算法。基于贪心策略的算法，虽然能耗也在增加，但增长速度较 OSPF 明显放缓。GA-PSO 算法在负载不大时，并不明显优于基于贪心策略的算法，但负载越高，GA-PSO 的优势越明显，这主要还是由于基于贪心策略的算法缺少整体观，在负载较小时缺点不明显，但一旦负载变大，则将十分严重地影响整个网络的能耗。

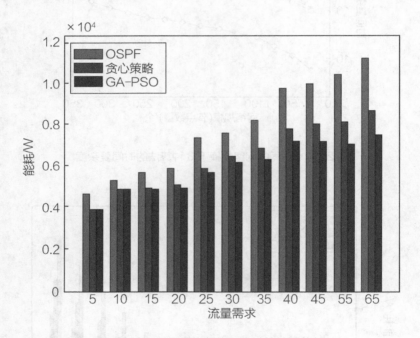

图 2-16　不同网络负载下 3 种算法的能耗

（2）网络资源利用率

　　由图 2-17 可知，本章算法使得链路平均利用率保持在 70% 左右，并且随着负载的增加链路平均利用率波动不大，说明有较好的负载均衡效果和稳定性。OSPF 算法尽量选择最短路径，会使得个别路径负载过高，链路平均利用率偏低。基于贪心策略的算法，比传统 OSPF 有了显著提高，但在全局负载均衡方面仍然逊色于 GA-PSO 算法。

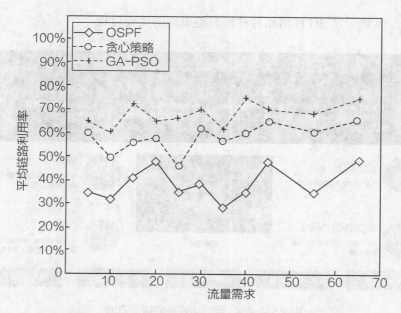

图 2-17   不同网络负载下 3 种算法的网络资源利用率

2.3.3   5G网络切片使能智能电网

智能电网，就是电网的智能化，它是建立在集成的、高速双向通信网络的基础上，通过先进的传感和测量技术、先进的设备技术、先进的控制方法以及先进的决策支持系统技术的应用，实现电网的可靠、安全、经济、高效、环境友好和使用安全的目标。2009 年 5 月，中国国家电网公司发布了以特高压电网为骨干网架、各级电网协调发展，以信息化、自动化、互动化为特征的智能电网概念，并明确了公司建设智能电网的战略目标和发展路线。

智能电网作为典型的垂直行业的代表对通信网络提出了新的挑战。电网业务的多样性需要一个功能灵活可编排的网络，高可靠性的要求需要隔离的网络，毫秒级超低时延需要极致能力的网络。4G 网络轻载情况下的理想时延只能达到 40 ms 左右，无法满足电网控制类业务毫秒级的时延要求。同时 4G 网络所有业务都运行在同一个网络里面，业务直接相互影响，无法满足电网关键业务隔离的要求。最后，4G 网络对所有的业务提供相同的网络功能，无法匹配电网多样化业务需求。在此背景下，5G 推出网络切片来应对垂直行业多样化网络连接需求。

图 2-18 显示了 5G 网络切片使能智能电网的主要过程。

图 2-18   5G 网络切片使能智能电网

（1）**技术视角**：从技术角度来看，5G 网络切片可以满足电网核心工控类业务的连接需求，5G 是全新一代的无线通信技术，在设计时就考虑物—物（机器通信）、人—物通信的需求场景。其超低时延（1 ms）、海量接入（10 M 连接 / 平方千米）的特性可以很好地匹配电网工控类业务需求，5G 网络首创的网络切片使技术可以达到与"专网"同等级的安全和可隔离性，同时相比企业自建的光纤专网成本可以大幅降低 5G 边缘计算技术，通过网关分布式下沉部署，实现本地流量处理和逻辑运算，实现带宽和时延节省，从而进一步满足电网工控类业务的超低时延需求。

（2）**业务视角**：从业务特征来看，本节探讨的智能电网典型业务场景可以分为两类典型的切片业务需求。

✓ **工业控制类业务**：典型代表如配电自动化、精准负荷控制。典型切片类型为 uRLLC（超低时延、超高可靠性）。

✓ **信息采集类业务**：典型代表如用电信息采集、分布式电源。典型切片类型为 mMTC（海量机器接入）。

除了这两大类最典型的切片之外，在电力行业还可能存在着 eMBB 切片（典型业务场景如无人机远程巡检）和 voice 语音切片（典型业务场景如人工维护巡检）等切片需求。

（3）部署视角：从业务部署来看：5G 不仅能够完成全新的电网工控类业务，还能够完美地继承现由 2G、3G、4G 公网支撑的信息采集类业务，从而实现电网内部多切片混合组网、统一管理、统一运维，有效帮助电网客户节省成本。表 2-1 描述了 5G 网络切片如何匹配智能电网不同业务场景的需求。

表 2-1 5G 网络切片匹配智能电网不同业务场景需求

业务场景	通信时延要求	可靠性要求	带宽要求	终端量级要求	业务隔离要求	业务优先级	切片类型
智能分布式配电自动化	高	高	低	中	高	高	uRLLC
毫秒级精准负荷控制	高	高	中低	中	高	中高	uRLLC
低压用电信息采集	低	中	中	高	低	中	mMTC
分布式电源	中高	高	低	高	中	中低	mMTC（上行）+uRLLC（下行）

1. 智能电网多切片架构

基于智能电网的应用场景和 5G 网络切片的架构功能如图 2-19 所示，5G 智能电网多切片设计和管理的总体架构如下：针对不同业务场景要求，分别考虑信息采集切片、配电自动化切片和精准负荷切片；不同切片分别满足对应场景的技术指标要求；实现分域的切片管理，并整合为端到端的切片管理，保证业务要求。

2. 智能电网全生命周期管理

5G 网络切片全生命周期管理包括切片设计、部署使能、切片运行、闭环优化、运维监控、能力开放等，如图 2-20 所示。

3. 智能电网切片设计

为了保证切片的敏捷特征和业务独特性，切片可以定制化设计，包括切片的模板设计和实例化设计。模板设计阶段通过 CSMF、NSMF 和 NSSMF 的协同（能力通报、能力分解和能力匹配），组装出一个端到端切片的模板，在测试床对模板进行验证，以保证其能够达到预想的网络能力。切片实例化设计阶段，根据具体订单需求出发，当租户需要使用网络切片时，可以选用预置的切片模板，或进一步定制的模板，通过 CSMF、NSMF 和 NSSMF 逐层确认部署信息，进行实例化部署，产生一个可用的切片网络。

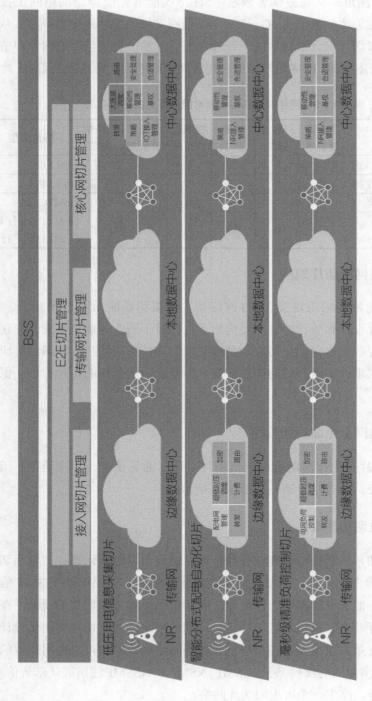

图 2-19　智能电网 5G 网络切片构架

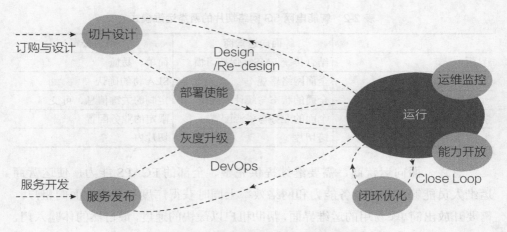

图 2-20　5G 网络切片全生命周期管理

4．智能电网切片部署与使能

智能电网切片的部署是将切片的 NF 实例化部署到虚拟化基础设施层资源之上运行。在 NFV 的运行场景下，通过 MANO 的能力进行虚拟资源的申请。由于网络切片部署的位置可能是分布式的，因此需要与多个 DC 的 MANO 进行交互。切片的使能是指在切片部署之后，完成基础配置，使其可提供网络服务。典型的基础配置包含基本组网配置、全局参数、预置环境变量等。切片部署与使能的关键目标是自动化的，通过自动化降低 CAPAX，更重要的是大幅提高开网的速度，使得租户的自服务，网络的自动动态部署成为可能。

5．智能电网切片的运行

智能电网无线侧需要根据用户属性选择合适的 AMF，AMF 需要根据用户业务属性选择合适的 SMF 和 UPF，等等。无论是独占的 NF，还是共享的 NF，在业务流程中都有选择的过程。切片选择的实现方式需要结合整个 SBA 架构，在 NF 注册阶段向 NRF 导入切片相关信息，加上策略，指导 NSSF 对切片的具体选择。

6．智能电网切片的运维监控

智能电网切片的运维，不仅仅是面向运营商的，还面向电力公司。考虑到行业用户的知识技能、运维习惯、维护要求等都与运营商有明显差异，因此需要针对设计两类运维。两者差异比较如表 2-2 所示。

表 2-2　智能电网 5G 网络切片的两类运维模式

	面向运营商	电力公司
界面	结合传统 EMS、保持习惯	简单、易懂
目的	全面网络感观	SLA 协约确认
呈现数据	全面的状态与统计、固定	定制的关键信息、可变
控制范围	全面的业务与资源配置	限定的业务配置
切片范围	跨切片	切片内

总之，面向运营商，需要继续提供完整、全部的 FCAPS 能力，使运营商运维人员能够在整体业务能力和网络效率上同时获得广度和深度。面向租户，需要开放出简单、易用的运维界面，帮助租户以最快的速度，最自然的体验入门，应用网络结合产生价值。

7. 智能电网切片的闭环优化

为了在复杂网络环境下实现电力用户体验最优和网络资源利用率最优，需要实现切片的闭环优化。所谓闭环，就是监控网络和业务状态，当发生目标偏差时，以一定方式进行修正，对系统进行迭代调整，使网络和业务表现符合预期。网络切片的闭环优化分为近端闭环和远端闭环两大类，如表 2-3 所示。

表 2-3　智能电网 5G 网络切片的两类闭环优化模式

	近端闭环	远端闭环
触发源	SLA 感知	网络效率及 SLA 感知
目的	迅速改善和提升 SLA	全网效率最优，全网 SLA 最佳
输入数据	局部信息	全局信息
实时要求	实时 / 准实时	非实时、慢速
运行模式	一定规则下的 best effort	基于数据分析产生最优解

近端闭环与远端闭环同时存在，相互结合，兼顾实时的业务保障和整体的网络效率提升。近端闭环通过在控制面和用户面预置策略和调整逻辑，当判断业务能力达到门限即将或者已经受损时，迅速调整网络部署和网络参数，使得当前和后续的业务得到体验改善。比如对于智能电网切片，当某一区域由于出现新的用电设备或者接入新的分布式电源，需要就近进行负荷调整，网络可以自动进行边缘区域功能节点的扩缩容或者新增部署，将电网负荷调整功能部署到本地，提高区域 SLA 保障能力。远端闭环通过收集和分析网络长期运行数据，

寻找规律，得到优化方向，自动周期性地对网络进行调整，或者触发对网络进行重新设计，以便持久性地提升网络服务能力。

8. 智能电网切片的能力开放

切片能力开放是达成"应用与网络结合"的关键手段，目标是使网络能力易于被电力行业应用。体现在以下三方面：

✓ 网络能力可编排：基于服务化的理念，将网络的能力原子化，每个原子能力都可以成为行业业务流程的一部分，按照不同用户的要求进行灵活组装的变化。

✓ 网络能力灵活开放：通过 NEF 向电力行业提供安全、可管控的开放能力，包括业务和数据。采用 restful 接口，电力行业可按需调用某类用户和业务参数。

✓ 应用集成：除了将网络的能力开放到电力行业，也可集成基于电力行业的基础要求、某些能力到网络中。由电力行业提供某类网络服务原子能力（如安全等），成为终端用户业务流程的一部分。

网络切片不仅是一种技术，同时也会带来新的商业模式，除了智能电网行业，在自动驾驶、工业控制、智慧城市等方面也大有可用，形成运营商与垂直行业合作多赢的局面，一起共创智能的数字化社会。

2.3.4　应用于 NWDAF 中的联邦学习技术

在 5G 时代，多样化服务的提供将成为运营商走向垂直行业，走向网络数字化的重要手段，切片服务将成为运营商在 5G 时代提供业务的主要形式。AI 作为构建 5G 网络竞争力必不可少的一环，已成为业界共识。2017 年，全球权威标准化组织 3GPP 在 R15 版本引入网络数据分析功能（NWDAF），并在后续的 R16 版本中逐步将其打造成为网络功能的 AI 引擎。同年，另一权威标准化组织 ETSI 成立相应的工作组，旨在推动网络智能化进展。同时，全球领先运营商与设备商也在 AI 助力网络领域强化合作。业界正在应用人工智能技术实现 5G 网络智能化。

在 5G 核心网中，当需要对海量高维度数据进行接入和分析的时候，3GPP 的 R16 版本提到的方案依然面临如下挑战：

✓ 在5G核心网内，数据是以孤岛的形式存在的，这意味着NWDAF需要将不同域数据，如用户设备（UE）、RAN、TN、CN和AF等数据，集中起来进行数据分析。海量的数据汇集将会造成海量的网络带宽消耗，还会引起不必要的网络拥塞。

✓ 数据隐私和安全已经逐渐引起全球的共识，对NWDAF而言，直接收集用户水平的网络数据，特别是直接汇集来自UE数据是非常困难的，甚至是不可能的。

✓ 如果NWDAF是以集中化的形式进行开发，并有第三方执行，网络数据可能会暴露给第三方，这将会导致网络数据的泄露和滥用。

在这种情况下，联邦学习（Federated Learning，也叫作联邦机器学习，Federated Machine Learning）成为一种可能的解决方案。在联邦学习中，像NWDAF 数据集中化这种形式的原始数据传输并不是必需的。取而代之仅需要共享联邦学习的模型以及模型所用到的参数。如图 2-21 所示为联邦学习的架构示意图。

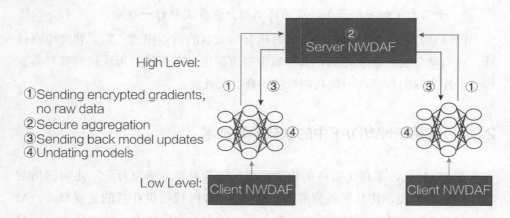

图 2-21　联邦学习架构示意图

如图 2-22 所示，联邦学习的主要思想是基于分布在不同域、网络功能或 UE 中的数据集，构建全局优化的机器学习模型。客户端 NWDAF（如部署在某一域、网络功能或 UE 中）在本地用自己的数据训练本地机器学习模型，并将模型参数共享给 NWDAF 服务器。NWDAF 服务器可以利用不同 NWDAF 客户端的本地模型或模型参数，生成一个全局最优模型，并将其发回给 NWDAF 客户端进行推理。

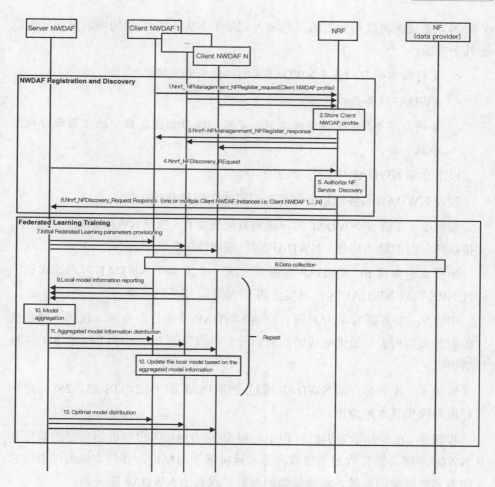

图 2-22　NWDAF 中的联邦学习的具体流程

假设我们有 N 个数据所有者 $\{F_1, \cdots, F_N\}$，它们都希望通过整合各自的数据 $\{D_1, \cdots, D_N\}$ 来训练一个机器学习模型。在 R16 版本中所使用的方法是把所有的数据一起存储到 NWDAF 中，用 $D=D_1 \cup \cdots \cup D_N$ 来训练一个模型 MSUM。联合学习系统是一个学习过程，在这个过程中，数据拥有者协同训练一个模型 MFED。任何数据所有者 F_i 都不会将其数据 D_i 暴露在 NWDAF 中。此外，M 的精度（记作 V_{FED}）应该非常接近 MSUM 的表现（记作 V_{SUM}）。设 δ 为一非负实数，若有：

$$|V_{FED} - V_{SUM}| < \delta$$

则称联邦学习算法具有 δ 精度的损失。

本方案试图将联邦学习的理念融入到基于 NWDAF 的架构中，旨在研究以下几个方面：

✓ 支持联邦学习的多个NWDAF实例的注册和发现。

✓ NWDAF服务器以及客户端的生成机制。

✓ 如何在多个NWDAF实例之间共享联邦学习训练过程中的机器学习模型参数。

以下介绍 NWDAF 中联邦学习的具体流程。

假设 NWDAF 服务器是根据前期配置或实现提前确定的。

步骤 1 ～步骤 3：NWDAF 客户端将其配置文件（包括 NWDAF 客户端类型、支持联邦学习的能力信息、NWDAF 客户端地址等）注册到 NRF 中。

步骤 4 ～步骤 6：NWDAF 服务器发现一个或多个 NWDAF 客户端实例，通过 NRF 获取 NWDAF 客户端实例的 IP 地址，用于联邦学习。

步骤 7：服务器 NWDAF 向客户端 NWDAF 发送分析请求，包括一些参数（如服务类型列表、最大响应时间窗口等），以帮助 Federated Learning 的本地模型训练。

步骤 8：各个客户端 NWDAF 通过使用 TS 条款（6.2，TS 23，288）中的现行机制收集其本地数据。

步骤 9：在联邦学习训练过程中，每个 NWDAF 客户端根据自己的数据和从 NWDAF 服务器接收到的参数训练本地机器学习模型，并将本地的模型信息（如本地数据集的容量、本地模型的参数）报告给 NWDAF 服务器。

步骤 10：NWDAF 服务器对所有本地模型信息进行汇总，得出汇总后的模型信息。

步骤 11：NWDAF 服务器将汇总后的模型信息发送给各个NWDAF 客户端。

步骤 12：各个 NWDAF 客户端根据 NWDAF 服务器分发的汇总模型信息更新本地模型。步骤 9 ～步骤 12 重复进行，直到满足训练终止条件（如达到最大迭代次数）。

步骤 13：训练程序结束后，可将全局最优的模型及模型参数分发给 NWDAF 客户端进行推理。

第 3 章

AI 与智能物联网

物联网（Internet of Things，IoT）是能够让所有具有独立功能的实体实现互联互通的网络，它被视为继计算机、互联网之后的又一次信息化浪潮。在这个网络上，人和人之间（Human-to-human，H2H）、人和物之间（Human-to-machine，H2M）以及物和物之间（Machine-to-machine，M2M）都可以通过唯一的电子标识连接起来，进行信息交互和通信，实现智能化识别、定位、跟踪、监控和管理。近十年来，物联网行业快速发展。根据中国信息通讯研究院发布的《物联网白皮书（2018 年）》显示，全球物联网产业规模从 2008 年的 500 亿美元增长到 2018 年的 1510 亿美元。时至今日，物联网正在深刻影响着人们的生活，它已经渗透进了诸多领域，如智能家居、医疗、公共安全、交通、电力等。

本章在分析 5G 时代海量数据的实时处理需求的基础上，提出了基于 AI 能力的边缘计算和云边协同的技术必要性，并进一步结合不同的业务应用场景，详细阐述了 AI 技术如何在实际的业务场景中进行应用并解决实际的业务问题。

3.1 5G 时代 IoT 海量数据实时处理

在国际电信联盟（International Telecommunication Union，ITU）召开的 ITU-RWP5D 第 22 次会议上，确定了未来 5G 应具有的三大类使用场景：增强型移动宽带 eMBB、超高可靠与低时延的通信 uRLLC 和大规模（海量）机器类通信 mMTC，前者主要关注移动通信，后两者则侧重于物联网。如果说 5G 的三大应用场景中，eMBB 场景追求的是人与人之间极致的通信体验，强调的是人与人的连接，那么 mMTC 和 uRLLC 则是物联网的应用场景，mMTC 主要是人与物之间的信息交互，uRLLC 主要体现物与物之间的通信需求。

5G 三大场景的技术参数如图 3-1 所示。

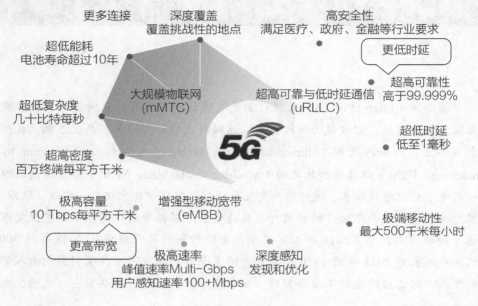

图 3-1 5G 三大场景的技术参数

5G 时代，一些典型场景如表 3-1 所示。

表 3-1 5G 业务典型应用场景

业务场景		5G 技术需求
增强型移动宽带（eMBB）	超高清视频	8K（3D）视频传输需要传输速率超过 1 Gbps，4G 技术下的传输速率平均只有几百 Mbps
	高铁或飞机联网	解决高铁信号差、飞机上网的问题，需要提高网络覆盖，增强通信能力
大规模机器类通信（mMTC）	大型体育场馆	密集场所内，超过百万的连接数，且设备传输数据量较小
	环境监测	环境监测对传输时延不敏感，且传输速率较低，而传感器数量较多
	智能家居	智能家居类产品对时延要求不敏感，且数据传输量小
	智慧城市	被连接的"物体"多种多样，有超强的连接密度，且各物体的传输数据量较小

续表

	业务场景	5G 技术需求
超高可靠性与低时延通信（uRLLC）	AR/VR	20 ms 以下才能有效地缓解眩晕状态，而 4G 时延大约 100 ms
	无人驾驶	为了保证用户的安全，传输时延需低至 1 ms，且要有超强的可靠性
	远程医疗	需要在短时间内处理大量的数据，且传输网络要有高可靠性

相比 4G 网络，5G 网络有着更深、更广的覆盖范围，有着更高的连接密度，更低的能源消耗，真正使物联网的发展进入了一个全新时代。网络边缘连接的设备数和数据量也在急剧增加，网络规模不断扩大。据互联网数据中心（Internet Data Center，IDC）数据统计，预计到 2020 年，全球物联网设备和终端数量将超过 500 亿，这些设备和终端将会产生超过 80 ZB 的数据量。以云计算为代表的集中式处理模式虽然可以处理如此庞大的数据，但它在能耗、带宽、安全性、隐私性、实时性和智能性等方面存在不足。比如，远程医疗需要毫秒级的传输速度，从端到云距离太远，技术上难以实现。因此，云端处理能力将会下沉到更加贴近数据源头的地方，也就是网络的边缘。

3.2　边缘计算与云边协同

3.2.1　边缘计算

边缘计算（Edge Computing，EC）应运而生，它指的是在网络边缘执行数据存储、处理和程序运行等功能的一种分布式计算形式。据 IDC 预计，未来超过 50% 的数据需要在网络边缘侧进行分析处理和存储。相比于传统云计算，边缘计算需要更少的网络流量、更低的维护成本，能够对数据进行更快速的处理，满足低时延的需求。此外，由于大部分数据保存在网络边缘侧，降低了隐私泄露的风险。物联网、边缘计算和云计算的关系如图 3-2 所示。

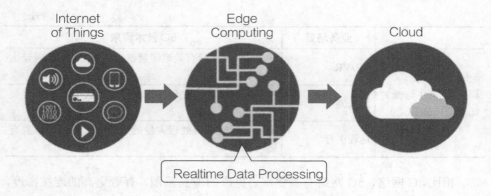

图 3-2 物联网、边缘计算和云计算的关系

边缘计算的应用场景触及社会生活的方方面面，包括能源、交通、农业、智慧社区、智能家居和工业制造等。根据不同行业的特点以及它们对时延、带宽和安全性的需求，边缘计算能够为各类垂直行业构建出针对性的解决方案。在城市交通管理中，用来监测交通路况、违章车辆等的高清摄像头遍布各个路口，如果在边缘服务器上运行智能交通控制系统对这些数据进行路况的实时分析和交通信息灯的控制，可以有效缓解车辆拥堵的状况。在智能家居领域，智能控制系统需要使用大量的物联网设备来监控整个家庭的内部状态（如安防系统、湿温传感器、照明系统、窗帘控制系统，信息家电等），完成对家居环境的调控和执行家庭人员的指令等。家庭数据往往涉及隐私，比如室内的相关视频，用户并不愿意将它们上传到云端处理。使用边缘计算可以防止数据泄露，提升系统的安全性。在游戏领域，尤其是在增强现实（Augmented Reality，AR）、虚拟现实（Virtual Reality，VR）场景中，边缘计算可以提供足够的存储资源，并在用户侧进行音频和视频的渲染，而不用将大量的数据上传到云端处理，降低了带宽需求，也减少了时延。

受边缘计算的巨大潜力驱动，各大型互联网、云计算、电信、芯片和系统集成等企业，纷纷推出了各自的边缘计算解决方案。它们中既有商业化的，也有开源的。前者包括 G 公司的 Google Cloud IOT、M 公司的 Azure IoT Edge、A 公司的 Lambda@Edge、GE 公司的 GE Predix、C 公司的 IOx、ARM 公司的 Mbed Edge 等；后者主要是 Linux 基金会的 EdgeX Foundry 和开放网络基金会（ONF）的 CORD 平台等。在国内，各大互联网公司、通信设备提供商、电信运营商也在布局边缘计算，H 公司和 Z 公司都有完整的移动边缘计算解决方案，中国移动成立了边缘计算开放实验室，B 公司也开源了自己的边缘计算框架 OpenEdge 等。从 Gartner 2019 年发布的技术成熟度曲线上看，目前边缘计算正处于技术研究的热点区，在未来具有不可估量的市场潜力。

3.2.2 云边协同

边缘计算的发展必须依赖云边协同。物联网的发展有两大支柱：一个是云计算；另一个是边缘计算。在互联网时代，计算都是在本地计算机上进行的。后来物联网兴起，计算逐渐迁移到云端。具体运作过程是：物联网设备产生和收集的数据发送到云端数据中心，云端运行计算模型并把结果返回终端。这种集中化的处理和管理模式受到市场的青睐，互联网和软件巨头纷纷推出了自己的云服务，比如 A 公司在 2006 年就推出了 AWS 云服务，之后，M 公司、G 公司和 A 公司等也分别推出了自建的云服务和产品等。如今，几乎所有规模稍大的企业都在使用云计算服务。根据面向的服务对象不同，云服务分为 3 种模式，即公有云、私有云和混合云。其中公有云是在开放的公有网络中提供服务，价格低廉，无须客户自己维护，但是安全性不高。私有云是为客户单独构建的，满足隐私和安全的要求，但是安装和维护成本较高。混合云是二者的结合，即部分使用公有云，部分使用私有云。

数据上传至云端必然会带来一定的延时，在对时效性要求不高的场合，云计算模式不会带来问题。但有些时候，比如自动驾驶中的路况分析、远程医疗和 AR/VR 游戏场景渲染等，稍微长一点的延时就会造成难以挽回的损失或者糟糕的体验。在数据量特别大（比如涉及音频、视频等）的时候，数据上传至云端需要足够并且可靠的带宽，这也限制了云计算的使用。另外，在云计算模式下，数据的存储和安全完全由云提供商负责。随着人们对数据隐私的日益关注，云端的安全问题也引起了人们的忧虑。在这样的背景下，让计算重回数据本地成为了新的趋势。所谓边缘计算，就是在靠近数据端的地方进行数据的处理、分析、存储和计算。因为不再需要把数据上传到云端处理，边缘计算释放了数据中心的计算压力，减少了数据传输带来的延时，可以提升用户体验。

物联网设备产生的数据通常是总量大但细小（即单个设备产生的数据量小），并且周期短，需要实时响应。如果数据都上传到云端处理，会对云端造成巨大压力。在未来，物联网产生的数据大约有一半的量会转移到边缘侧处理。

边缘计算节点可以负责所属范围的数据存储和计算，分担云端压力。同时，对于非一次性数据，边缘处理后仍需汇集到云端做大数据挖掘和进行算法模型的训练升级，之后再推送到边缘侧，升级更新前端设备，形成自主学习闭环。同时，数据备份在云端也能防止边缘出现问题时造成数据丢失。也就是说，边缘计算和云计算之间并不是竞争和取代的关系，而是协作的关系。边缘计算可以提供无所不在且可靠的本地服务，这些服务可以以不同的方式集成到云环境中。物联网场景下的云边协同过程如图 3-3 所示。

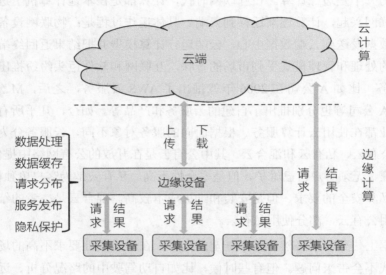

图 3-3　物联网场景下的云边协同过程

2018 年，H 公司在其全连接大会（HC2018）上发布了智能边缘平台 IEF（Intelligent Edge Fabric），明确提出了云边协同一体化服务的概念。同年的 S 公司提出了工业边缘概念，通过在云端部署工业边缘管理服务实现云边的协同。A 公司也明确提出打造了"云＋边＋端"三位一体战略。如图 3-4 所示，云边协同的内涵涉及 3 层次：云边 IaaS 协同、云边 PaaS 协同和云边 SaaS 协同。具体而言，IaaS 协同可实现网络、虚拟化资源和安全等方面的协同；PaaS 的协同可实现数据、智能（AI 模型推理）、应用管理和业务编排等的方面协同；SaaS 的协同可实现服务的协同。云边的全面协同可以提供连续的、无处不在的 ICT 资源服务，使计算和决策可以随时随地进行。

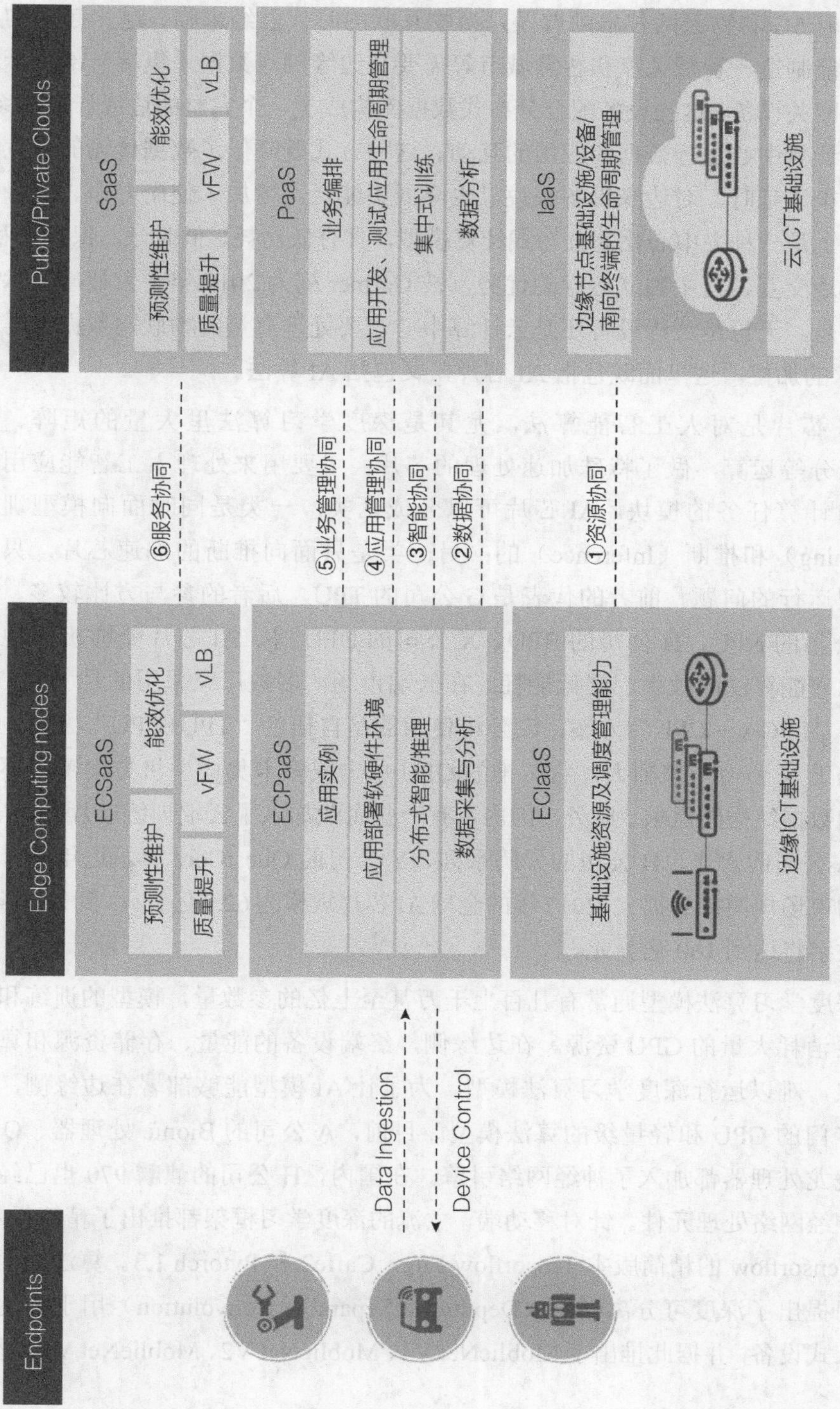

Public/Private Clouds

SaaS
预测性维护　能效优化
质量提升　vFW　vLB

PaaS
业务编排
应用开发、测试、应用生命周期管理
集中式训练
数据分析

IaaS
边缘节点基础设施/设备/
南向终端的生命周期管理
云ICT基础设施

⑥服务协同
⑤业务管理协同
④应用管理协同
③智能协同
②数据协同
①资源协同

Edge Computing nodes

ECSaaS
预测性维护　能效优化
质量提升　vFW　vLB

ECPaaS
应用实例
应用部署软硬件环境
分布式智能推理
数据采集与分析

ECIaaS
基础设施资源及调度管理能力
边缘ICT基础设施

Data Ingestion

Device Control

Endpoints

图 3-4　云边协同内涵

随着 5G 和物联网技术的普及，万物互联的时代已经来临。越来越多的应用如智能制造、智慧医疗和智慧城市等需要在边缘侧（数据采集端）部署计算设备和网关设备，这些设备配合分布式数据库构成了一个完整的边缘计算体系，再与云计算中心进行数据和应用的互动。这种方式既降低了数据传输的带宽成本，减少了延时，对边缘设备来说，也降低了能耗，增加了使用寿命。边缘计算本质上是一种去中心化的分布式计算模型，具有低功耗、低时延、保护隐私、支持本地交互、自主独立运行的优势，被 Gartner 列为 2019 年十大战略技术之一。但是，无论是边缘设备还是云计算中心，要处理海量的物联网数据都需要 AI 技术的加持。这里面既包括 AI 芯片，又包括 AI 算法。

AI 芯片是对人工智能算法，尤其是深度学习算法里大量的矩阵、卷积、积分等运算，做了特殊加速处理的芯片，主要用来处理人工智能应用中有大量计算任务的模块。AI 芯片可以分成两类：一类是同时面向模型训练（Training）和推断（Inference）的；另一类是只面向推断的加速芯片，只处理模型运行的问题。前者的代表是 G 公司的 TPU，后者的参与方比较多，比如 C 公司的 NPU、H 公司的 BPU、X 公司的 DPU 等。AI 芯片能够极大地提高人工智能算法的效率，降低能耗。在云端市场，多数厂家采用的是"GPU + CPU""FPGA + CPU"方案，G 公司使用的是自研的"TPU+CPU"方案。云端市场上 N 公司一家独大，它主推的 GPU 单卡或多卡集成主机方案覆盖不同算力和数据结构的需求。此外，国内也有一些企业加入了云端训练芯片的竞争，比如 A 公司的含光、H 公司的昇腾系列、Y 公司的 QuestCore 等。近年来，AI 芯片的市场规模持续扩大，2017 年的全球 AI 芯片规模为 62.7 亿美元，到 2020 年，这个数字将达到 160 亿美元。

深度学习算法模型通常有几百上千万甚至上亿的参数量，模型的训练和推理需要消耗大量的 GPU 资源。在边缘侧，终端设备的能量、存储资源和算力都有限，难以运行深度学习算法模型。为了让 AI 模型能够部署在边缘侧，需要有专门的 GPU 和轻量级的算法模型。目前，A 公司的 Bionic 处理器、Q 公司的骁龙处理器都加入了神经网络引擎。在国内，H 公司的麒麟 970 也已经搭载了神经网络处理元件。针对移动端，主流的深度学习框架都推出了精简版本，比如 Tensorflow 的精简版本 Tensorflow Lite、Caffe2 和 Pytorch 1.3。算法层面，G 公司提出了深度可分离卷积（Depthwise Separable Convolution）用于移动端和嵌入式设备，并据此推出了 MoblieNet V1、MoblieNet V2、MoblieNet V3 模型。

之后，G 公司又提出了 EfficientNet，不仅模型的参量大幅减少，模型准确率也得到了提高。轻量化网络已经是当前深度学习的研究热点之一，研究者通过知识蒸馏、剪枝等技术来压缩模型，在保证准确率的同时减少所需要的算力和存储资源。

在万物互联时代，云边智能协同将为传统应用带来变革，并衍生出新的应用场景。比如身份认证，利用人脸识别技术和边缘设备的算力，可以为车站、机场和金融机构等提供高效的用户身份认证手段，提升安全性。在智慧交通领域，越来越多的城市正在部署智能交通系统，图 3-5 展现了基于云边协同智能的智慧交通系统，利用部署在各交通要塞的边缘计算服务器和遍布路口的高清摄像头、传感器等，结合人工智能算法，可以对交通状况进行实时监控、预警和调度。在加拿大多伦多市，Alphabet 旗下智慧城市子公司 Sidewalk Labs 推出了智慧社区项目。该项目计划在加拿大滨海地区打造成包含自动驾驶、办公、医疗、居住、零售、制造等一系列解决方案的高科技城市。在未来，云边智能协同将进一步改变人类的衣食住行。

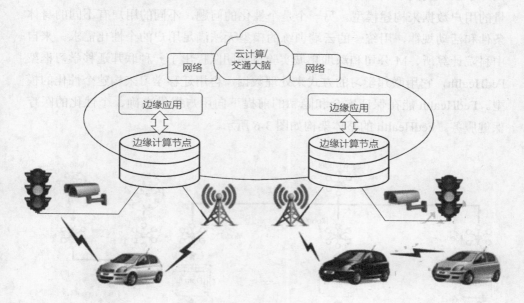

图 3-5　基于云边协同智能的智慧交通系统

3.3 应用于智能 IoT 中的 AI 技术

3.3.1 联邦迁移学习

随着计算机技术的快速发展,越来越多的可穿戴设备进入人们的日常生活,比如 A 公司的智能手表 iWatch、G 公司推出的智能眼镜 Google Glass、X 公司推出的智能手环、N 公司推出的智能运动鞋等。这些设备可以很轻易地获取人们的健康信息,比如活动、睡眠、运动等。利用可穿戴设备获取的数据,可以训练出检测人们健康状态的机器学习模型。但是这会面临两个挑战。首先,在现实生活里,可穿戴设备的数据经常以孤岛的形式存在。尽管不同公司、组织和机构拥有大量的数据,但受隐私和安全方面考量,这些数据不可能共享。目前,中国、美国、欧盟都颁布了严格的数据隐私保护条例,因此不可能获得大量的用户数据来构建模型。另一个是个性化的问题,不同的用户有不同的身体条件和活动规律,用统一的云端训练的模型无法满足用户的个性化需求。来自中科院计算所、M 公司和深圳鹏城实验室的团队提出了一种联邦迁移学习框架 FedHealth,它用联邦学习的方式来处理数据,再用迁移学习来构建个性化的模型。FedHealth 能在保证安全和隐私的前提下向用户提供准确、个性化的医疗保健服务。FedHealth 的整体架构如图 3-6 所示。

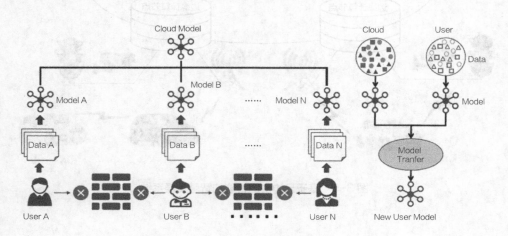

图 3-6 FedHealth 的整体架构

具体的思路是：首先，利用公共的数据训练出一个云端的模型，并用同态加密的方式分发给所有用户；然后用户使用自己的数据训练出一个模型，并用同态加密的方式上传至云端；接着云端通过对齐用户模型更新云端模型，并分发给所有用户；最后用户使用迁移学习得到个性化的模型。因为用户的数据不断产生，以上步骤也是持续进行的。在这里，云端模型保证了模型的通用性，而用户模型兼顾了个性化。如果直接使用云端模型，对于特定的用户，效果可能不太好，因为云端数据的分布和用户的数据分布是有差别的。联邦学习解决了数据孤岛的问题，迁移学习解决了个性化的问题，二者结合在准确性上也不弱于传统的使用公有模型的方法。

为了验证 FedHealth 方法的效果，研究团队使用了一个称为 UCI 智能手机的公开的人类活动识别数据集进行实验。这个数据集包含 30 个年龄在 19～48 岁的用户的 6 种类型的活动，分别是行走、向上行走、向下行走、坐、站立、躺下。总共有 10299 个样本，其中 70% 作为训练集，30% 作为验证集。为了适应 FedHealth 框架，使用 25 个用户的数据作为公有数据训练云端模型，剩下 5 个用户的数据独立构建个性化的模型。表 3-2 给出了测试集上的实验结果，P1 至 P5 表示 5 个独立的用户。作为对比，传统的 K- 近邻算法（KNN）、随机森林（RF）和支持向量机（SVM）的结果也列在了表中。模型的参数通过交叉验证的方法确定，为了消除随机性，所有的实验都独立进行 5 次取平均结果。

表 3-2　FedHealth 方法测试集上的分类准确律

Subject	KNN	SVM	RF	NoFed	FedHealth
P1	83.8	81.9	87.5	94.5	98.8
P2	86.5	96.9	93.3	94.5	98.8
P3	92.2	97.2	88.9	93.4	100.0
P4	83.1	95.9	91.0	95.5	99.4
P5	90.5	98.6	91.6	92.6	100.0
AVG	87.2	94.1	90.5	94.1	99.4

在这个实验中 FedHealth 使用模型是卷积神经网络，如图 3-7 所示。网络包含 2 个卷积层、2 个池化层和 3 个全连接层，在迁移学习过程中，卷积层和池化层冻结，全连接层对齐微调训练。表 3-2 中 NoFed 模型使用的也是这个网络，不过只用到了云端模型，没有用联邦学习和迁移学习。结果表明，FedHealth

的分类效果最好，平均准确率达到了 99.4%，相比于 NoFed 模型，FedHealth 提高了 5.3%。同时可以看出，对于人类活动的识别，深度学习方法（FedHealth 和 NoFed）要好于传统模型（KNN、SVM 和 RF），这得益于深度神经网络强大的表征能力，而传统方法依赖于手工构造的特征来学习。深度学习的另一个优点是可以在线增量更新，不必重新训练。而传统的方法需要进一步的增量算法。

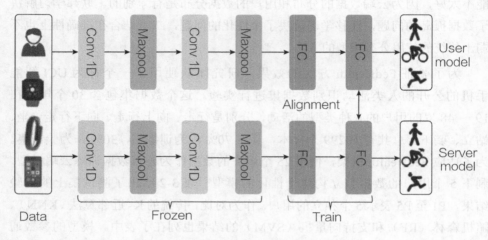

图 3-7　FedHealth 中的迁移学习过程

3.3.2　RPnet网络与车牌识别

车牌的识别和检测（License Plate Detection and Recognition，LPDR）是智能交通系统的关键功能，被广泛用于各种交通场景，比如交通路口监控、高速公路收费站和停车场的出入管理等。虽然车牌的检测识别算法层出不穷，越来越准确，然而对于复杂现实场景，挑战依然存在。比如雾雪天气、扭曲、不均匀光照、倾斜等，如图 3-8 所示，在这样的情况下，人眼都很难分辨出车牌号。车牌识别模型的实际效果不理想的另一个原因是数据集太小。目前公开的 LPDR 数据库如 AOLPE、Azam、SSIG、ReID、UFPR 等，受限于人工采集车牌图片的人力成本，既缺乏数量（少于 1 万张），又缺乏种类（都是在固定监控摄像头上采集）。为了激励更优秀的 LPDR 算法出现，中国科技大学的团队公开了一个中国城市泊车的数据库（CCPD）。这些图片由手持设备拍摄，对应的车牌号是收费员手动输入的。CCPD 每个图像都有详细的注解，包括车牌编号、车牌边界框（Bounding Box）、四个顶点位置、水平倾角和竖直倾角，以及其他相关信息，如车牌区域、光照程度、模糊程度等，具有很高的质量。

图 3-8   复杂条件下车牌

通常 LPDR 被拆分为检测、识别两个阶段或检测、分割与字符识别 3 个阶段，将车牌图像分步骤处理。然而，从识别中分离检测不利于整个识别过程的准确性和效率。一个低质量的预测包围框（Bounding Box）可能会导致车牌的部分缺失，进而造成后续识别的错误。中国科学技术大学的团队在车牌识别阶段利用车牌检测阶段中提取的卷积特征来识别车牌字符，并据此设计了一个命名为路边停车网络（RPnet）的全新架构，仅用一次前向通路就能完成车牌的检测与识别。RPnet 统一了车牌检测与识别，可以进行端到端的训练。因为检测和识别任务共享了特征图，联合优化了损失函数，所以 RPnet 可以更快、更准地检测和识别车牌。即使在较低端的 NVIDIA Quadro P4000 上，RPnet 的速度运行也可以超过 60 fps。

PRnet 的模型结构由两个模块组成，第一个模块命名为"检测模块"，是一个 10 层深的卷积神经网络，用来提取车牌图像中不同层级的特征图，然后将特征图输出到 3 个平行的全连接层中（称为"框预测器"，用于检测边框）。第二个模块为"识别模块"，利用感兴趣区域（ROI）汇聚层来提取感兴趣的特征图，然后通过若干分类器来预测区域内的车牌号码。在检测模块中，随着层数的增加，特征图逐渐变小，提取的特征层级也越高，对车牌的识别和边框的预测越有利。模型的损失函数分为定位损失和分类损失，联合优化这两部分损失可以提取更丰富的车牌字符信息，提高检测和识别性能。RPnet 的识别精度可以达到 95.5%。

3.3.3 对抗生成网络与移动目标检测

完整运动物体检测是许多计算机视觉任务的基础，比如人类活动分析，智慧城市的交通监控、安防等。然而，在存在伪装、噪声、照明条件变化、背景动态变化等情况时，运动物体检测依然具有挑战性。为了解决这些问题，基于鲁棒主成分分析（Robust Principal Components Analysis，RPCA）的算法被用来把数据矩阵分解成低秩的背景部分和稀疏的运动部分。这些算法在过去十几年里表现良好，许多基于 RPCA 的算法已经被采用并成功用于运动物体检测。然而，在稀疏部分，运动物体的每个元素都是单独处理的，这会导致运动物体所在的区域不完整。此外，在存在动态背景时，稀疏分量往往是分散的。另外，当运动物体被伪装时，基于 RPCA 的算法性能会下降。利用深度神经网络可以解决基于 RPCA 方法的局限性，因为鲁棒的深度自编码能够实现无遮挡的完整运动目标检测。

为了估计无遮挡的完整运动目标，需要一个具有有效编码特性的判别模型和一个生成模型来重建运动目标中遮挡的缺失信息。来自韩国庆北国立大学、巴基斯坦拉合尔信息技术大学和法国拉罗谢尔大学拉罗谢尔 MIA 实验室的研究人员提出了一个基于条件生成对抗网络（cGAN）的解决方案，该方案采用一种基于无遮挡运动目标检测场景训练的鲁棒深度自动编码器结构。他们在不同挑战环境下训练出了一个完全的 cGAN 模型，称为 CcGAN。CcGAN 的无遮挡训练是通过动态背景信息覆盖场景的所有语义信息，完成与 RPCA 机制有一定相似性的运动目标检测来学习跨空间的子空间。如图 3-9 所示是运动的车的检测场景，图中的树也是在动的。DCP 和 DECOLOR 都是基于 RPCA 的算法，从图中可知，基于 RPCA 的方法把动态的树也包含了进来，而车是不完整的。但 CcGAN 却能把运动的背景去掉了，而且重建出完整的运动的车。

CcGAN 模型的结构如图 3-10 所示，它包含了一个生成器和一个判别器。判别器的输入是 256 像素 ×256 像素 ×3 像素的大小，包含 4 个下采样卷积层，第一层有 64 个通道，最后一层有 512 个通道，输出大小为 30×30。生成器是一个带有残差连接的 Unet 编码—解码网络，包含了 4 个下采样层，每个下采样层之前都有一个卷积层。解码器具有 4 个上采样层，然后进行反卷积操作，以重建与输入图像。生成器总共有 8 个卷积层，编码器的最后一层产生 512 个特征图，解码器的最后一层产生 64 个特征图。在训练阶段，生成器和判别器共同训练。在测试阶段，只需使用编码器来检测运动物体。

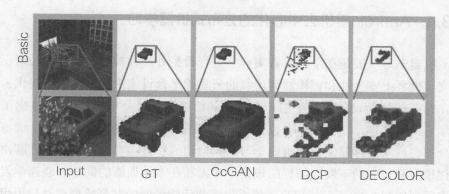

Input   GT   CcGAN   DCP   DECOLOR

图 3-9　基于 SABS 基准数据集的 CcGAN 完全运动目标检测可视化演示

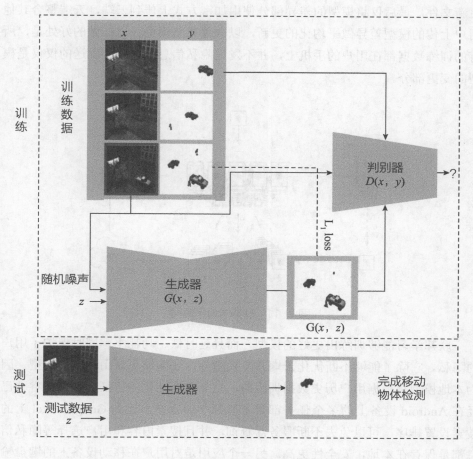

图 3-10　CcGAN 模型的训练和测试过程

3.3.4　Android手机去中心化的分布式机器学习

　　机器学习一般是在单机或者集群上进行数据处理和模型训练，G 公司已经建立了世界上安全性和鲁棒性都顶级的云基础平台设施来为机器学习提供云服务。为了在移动设备上基于用户交互来训练模型，G 公司在 2017 年推出了联邦学习。联邦学习使得在移动设备上协同训练一个共享模型成为可能，训练数据全部在移动端存储，使得机器学习的模型训练和云端存储能够解耦。解决了以往模型只能云端下发训练好的模型，而无法在本地训练的问题。联邦学习的工作原理如图 3-11 所示：用户先用手机下载云端最新的共享模型，然后用用户手机上的历史数据来微调这个模型，之后将用户个性化的模型抽取为一个小的更新文件，最后仅将模型的差异部分使用加密方式上传到云端，云端整合其他用户上传的模型差异做平均化的更新，以改善共享模型。这样做的好处是，所有的训练数据都在用户的手机上，并不发送隐私信息到云端，发送的仅仅是模型的变更部分。

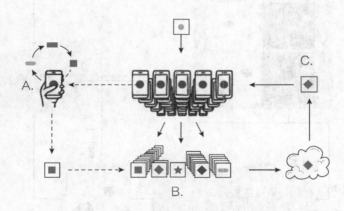

图 3-11　联邦学习示意图

　　联邦学习能够训练出更好的模型，而且延时低、功耗小，同时保护了用户的隐私。它除了能够不断优化云端共享模型外，还能够更新用户本地模型。因为本地模型是根据用户历史数据训练的，它具有个性化的特征。目前，谷歌已经在 Android 设备上的多个任务部署了联邦学习系统。比如 Google Pixel 上的搜索设置排序，可以免去不断服务器查询，并且搜索内容和用户选择等隐私信息都是保存在本地，安全性更高。另一个应用是对用户在移动设备上的键盘输入内容提供建议，根据用户的特征进行建议项目的排名，提升用户的体验。G

公司移动键盘团队还使用联邦学习平台训练递归神经网络（RNN）用于下一次预测。整个模型大约有 140 万个参数，使用了 150 万用户的 6 亿个句子迭代训练了 5 天，该方法把基线 n-gram 模型的召回率从 13.0% 提高到了 16.4%。

3.3.5　"AI + 移动警务"

近年来，伴随着我国城市经济的快速发展，城市人口和机动车辆基数增长加速，给执法环境带来重大挑战。而传统的移动警务无论是从产品性能还是专业应用上，都很难满足当前移动警务的执法需求。在警务信息化建设不断深入的新形势下，全国各级公安机关已经陆续开展"AI + 移动警务"新模式，以提高城市一线警务工作人员的实战水平和核心战斗力。

"AI + 移动警务"主要是由多元化的前端移动警务设备、系统软件和应用软件构成的。前端移动设备主要包括移动警务通、单兵执法记录仪、移动执法车载系统等。应用软件以客户端 APP 呈现，不同的警种可根据实际业务下载相应的 APP 应用，而系统软件则对接公安部人口、出入境、车辆、在逃、盗抢等大型资料库。移动警务终端系统可以覆盖到社区警务、治安视频监控、巡逻防控、车辆核查等领域。在"AI + 移动警务"模式中，人工智能的能力主要体现在对人、车、物进行快速识别和比对分析，直接在前端实现视频数据的迅速结构化处理，为警务人员的行动决策提供参考依据。在"AI + 移动警务"模式下，警务人员可以利用移动警务终端产品实现人车定位、分析研判、指挥调度等警务工作，并随时随地获得公安业务信息的支持并实现实时比对。也可以现场采集信息及时回传公安内部信息中心，有效解决通缉、协查、堵截、搜查、处罚等一线公安工作中对嫌疑人的照片识别问题。

H 公司在"AI + 移动警务"方面有积极的实践。具体来说，就是把 AI 能力前置到移动终端上，结合云端的数据分析处理能力和业务流程优化，为警务人员构建一套高效、实用的系统。比如 H 公司的"深眼"移动警务系统，实现了基于车载行车记录仪的前端车牌识别、黑名单比对以及警情接收、互动等功能，带来了缉查、布控、报警以及出警、拦截、勤务模式的变革，提升了报警、拦截效率，在速度上，要比传统移动警务快 5 ～ 10 倍。此外，对于难以达到城市级的全域覆盖的固定卡口，移动警务可充当移动的卡口，弥补固定点位的覆盖盲区。面对城市精细化治理的迫切需求，"AI + 移动警务"把固定设施与移动警务动静结合，能够有效解决警务工作难的问题。

第 4 章

AI 与 5G 网络多量纲计费

计费量纲的多元化，是 5G 计费显著区别于 4G 计费的最核心特征。5G 业务的多样性和复杂性，决定了在 5G 时代，多量纲计费成为诉求，套餐的价值计量单位将从单一量纲向多量纲转变。从 5G 网络能力和业务场景来划分，未来 5G 新量纲计费主要有 6 种要素：流量、速率、时延、特定场景服务、垂直行业应用、特殊设备类型。计费结算对象，也将从传统的以人和物为中心，向着以场景为中心的计费对象转变，从而通过场景计费，助力 5G 价值变现。而如何设计计费量纲、确定计费因子、计费欺诈防控、计费精准计量，精准预测用户网络需求弹性，这些影响 5G 时代运营商计费的几个核心和关键问题，读者都可以通过对本章内容的阅读，找到明确答案。

4.1 5G 时代变得日益复杂的网络计费

20 世纪 90 年代，中国运营商引入套餐模式，由"定额费用＋从量费用"两部分组成计费方案。随着移动通信技术的演进，通信产品形态越来越丰富，计费形式也随之多元化；在 4G 时代，运营商主要采用基于分钟、短信、数据包对最终用户进行收费。但从总体上看，流量仍然是 4G 时代主要的单一计费量纲。

而在 5G 时代，业务需求多样化和差异化带来了计费量纲多源化。移动网络服务的对象不再是单纯的移动手机，而是各种类型的设备，比如移动手机、平板电脑、固定传感器、车辆等；应用场景也多样化，比如移动宽带、大规模互联网、任务关键型互联网等；需要满足的关键指标也多样化，比如移动性、安全性、时延性、可靠性等。网络切片差异化分级服务，天然地对计费模式提出了新的多层次的需求。同时 5G 网络新架构也在技术上支撑了用户多样化和差异化的网络需求，可以通过在 C 端引入边缘计算技术，为用户提供极致体验，在 B 端引入切片技术，为用户提供更加差异化的服务。

　　5G 时代丰富多样的业务场景需要运营商提供相比 4G 时代更加弹性的商业模式。北京邮电大学教授、中国信息经济学会常务副理事长吕廷杰认为，5G 不仅解决人与人的通信、人与计算机的通信，还将解决万物互联的通信，从而将延伸出四大商业模式：基于流量的商业模式、基于连接的商业模式、基于网络切片的商业模式和基于完整解决方案的商业模式。

　　（1）基于流量的商业模式

　　首先需要肯定的是，即使在 5G 时代，基于流量进行服务和计费仍将是运营商面对 C 端用户的一种重要的商业模式。但是同 4G 时代单一流量量纲的计费模式相比，5G 时代的计费模式除了流量的量纲外，还需要根据用户使用速率、网络体验、网络时延等多种量纲进行灵活计费。

　　（2）基于连接的商业模式

　　此种商业模式更适合于物联网类应用。基于物联网设备的连接数量进行计费，因为物联网设备的连接数量，客观说明了对运营商 5G 网络资源的占用情况，方便衡量运营商在网络运营服务中的支出成本。

　　（3）基于网络切片的商业模式

　　这种商业模式更适合对垂直类的行业应用。网络切片是 5G 网络的一个重要特性，通过对网络资源灵活分配，能力灵活组合，基于一张物理网络虚拟出网络特性不同的逻辑子网，以满足不同场景的定制化需求。由于垂直行业对网络的需求更为个性化和弹性化，运营商可以根据不同行业和不同区域的用户对 5G 网络的需求情况，提供切片网络服务，并根据客户对网络的使用情况或者采用整体包年的方式进行费用计算和收取。

　　（4）基于完整解决方案的商业模式

　　这种商业模式更适合对 5G 网络有着更为复杂和个性化需求的垂直行业。行业客户除了基础的 5G 网络需求之外，还希望运营商能够提供包括信息化服务在内的综合解决方案。针对此类客户，需要运营商深入了解和挖掘需求，并结合客户需求提供一套完整的综合解决方案，采用一客一策的商业合作模式。

　　以共享单车为例，每辆单车上都有一张 SIM 卡，如果以卡的流量去计费，那运营商的收益根本覆盖不了成本。如果换一个思路：每当单车成功连接到网络，就按照连接次数去计费。流量将不再是唯一的定价依据，这样的计费方式反而更加合理、贴切。

再如大型赛事的直播，运营商除了提供更好的 5G 网络通信服务，让普通用户享受到高速率网络外，还可以为特殊场景和不同需求的用户，提供与 5G 更匹配的解决方案和终端设备，如大 V 用户可体验 360 度 VR 直播、裁判员视角直播，以及更稳定、更低时延的网络；而普通用户只需要常规的直播视角和速度即可。当然，针对不同用户的收费标准自然不同，此时不同的网络能力、基础设施能力、解决方案价值等，都成为 5G 资费的定价依据。

事实上，未来智能工厂、智慧港口等众多的场景中，5G 都将提供不同的价值，最终延伸至所有 5G 应用。与此相对应，5G 计费模式也将呈现价格动态化、计量多维化、收入多样化、结算对象复杂化和多方化等特点，而这便是 5G 时代的"多量纲计费"。

4.2　5G 多量纲计费概述

中国移动曾提出，改变 4G 主要以流量单一量纲计费的模式，提供多量纲、多维度、多模式的计费，从而推动 5G 在方方面面实现更广范围、更多领域的应用。中国电信也曾提出，5G 套餐将有别于 4G，5G 套餐将依据不同的应用场景、不同的用户需求提供多量纲、多层次的计费模式。2G、3G、4G 时代，是按照流量使用量来进行计费，而到 5G 时代，不仅是使用量，连接量、时延等级、速率等级等都可能成为衡量标准。

所谓计费量纲，通俗地讲可以理解为计费的维度，流量是 4G 时代运营商主要的计费量纲，属于资源型计费，如时长、流量、次数等，即便是 4G 下的内容计费，也是将使用的内容服务转变成资源型，这是初级价值的体现，强调的是内容。在 5G 到来之后，这一模式进行了延伸，在资源型计费下，增加了差异化的服务。

多量纲、多层次的计费方式着眼于未来 5G 应用的深化，尤其当面向行业市场的企业用户时，不同的流量、速率、时延、服务方式、垂直行业应用以及不同设备的连接都将对服务和计费方式产生不同影响。

5G 时代的多量纲计费，作为运营商重要战略合作伙伴的亚信提出了 3 个阶段的原则：第一是接入阶段，计费模式以 4G 模式为主，支持大单位计费、速率计费等；第二是切片阶段，真正地去赋能垂直行业；第三是能力开放阶段，会随着 SA 网络架构成熟提上日程，解决的是生态计费或者网络租赁、资源租赁计费等。

在具体的计费策略上，主要涉及 3 个层面。

第一是动态。因为网络资源在某一时段内具有稀缺性和时效性，业务需求也存在波峰、波谷，这就有必要根据网络资源的分配和需求的忙闲状态进行动态定价。

第二是融合。要赋能垂直行业就要适应不同的行业特性，这就有必要采取融合多维、个性匹配的定价方式。比如多个量纲组合定价；根据不同服务和产品定价；揉合三方或多方服务的定价；以及在上述基础上结合家庭、工厂等不同渠道进行定价。

第三是智能。"全域智能化"是未来的行业趋势，基于 AI 的"智能定价"可以更科学地审视需求、消费和服务质量之间的关系，以及预算、成本和运营策略之间的关系。

4.2.1　与4G计费量纲对标

4G 和 5G 计费模式有如下几个区别（见表 4-1）：首先，网络结构以及接入协议要求不一样。4G 分为在线计费系统和离线计费系统接口，对应的分别是 Ro（消息）和 Rf（文件）。5G 采用的是 Http/2+JSON 的协议，是 5G 网络新架构下的基础通信协议；对于计费对应的是 Ro 和 Rf 融合 Nchf 协议。

其次是计费要求不一样。比如针对速率问题，5G 是 4G 的 20 倍；现在 4G 还是能够根据用户的通话使用记录（CDR）计费，到了 5G 时代，在计费模式上会转变按条的计费方式到按量的计费方式，降低计算和存储；在考虑叠加时延时，对于计费的实时采集、系统高可用方面也都存在挑战。另外，对于大单位资费也要求不一样，4G 都是按照 KB 作为基础计费单元的（标准资源量），1 KB 1 分钱或者 1 MB 1 元钱；5G 模式下的下载速率可达 20 GB/s，这种大单位的资费会以 GB（KB 的 1024×1024 倍）甚至 TB 作为标准资源量，1 GB 1 分钱，这种模式下费用的精度问题、资费定义都会存在不同，影响了计费的度量。

表 4-1　4G、5G 在速率、时延、连接数、移动性方面的对比

	速　　率	时　　延	连 接 数	移 动 性
4G	1 Gb/s	10 ms	10 万	350 km/h
5G	20 Gb/s	1 ms	100 万	500 km/h

再者它们的计费结算对象也发生了变化。4G 主要的计费对象还是面向 C 端的计费，部分物联网业务的支撑也是以 2C 的模式来支撑 2B 的业务；比如 4G 模式下的流量池计费模式，都是按照 C 的一个一个用户模式来消耗，当一个账户下有几千万用户的时候（如共享单车）就会存在大账户锁的问题，5G 来了以后，这种模式会激发这种矛盾，再 2B 的支撑上，需要转 2C 的支撑为 2B 的支撑，这个变化也是非常的明显。

面向 5G，流量计费转变为价值计费是 5G 变现的关键。在 4G 下都是资源型计费（如时长、流量、次数）。即使 4G 下的内容计费，也是将使用的内容服务转变成资源型，这是初级价值的一个体现，强调的是内容。5G 来了以后，这个模式进行了延伸，就是在资源型计费下，增加一个差异化的服务，如果用个定语来描述（场景＋资源型），这个场景可能是基于内容、速率、位置、状态等产生的额外的、可溢价的，这就是价值。比如我们从杭州到上海，需要单独考虑坐高铁这段时间或者里程，用户使用大带宽、低时延的网络参数，观看在线直播，这部分我们独立进行资源计量，即从原有的公共服务，转为局部的差异性服务，带来溢价。

为了提供差异化服务，需要精准地分析用户对网络的需求，这一点可以通过 AI 技术来解决。运营商积累了海量的用户上网数据，这些数据靠人力分析是不现实的。利用 AI 技术，可以从这些数据中提取出用户的上网行为特征。比如用户的使用场景、用户的浏览内容、用户的上网时间、流量和速度要求等。通过聚类分析，将用户按照不同的网络需求特征分成不同的组别，然后分别制定定价策略。也可以根据用户的历史上网数据进行时间序列建模，比如 LSTM 模型，通过模型预测出用户在未来的上网趋势和网络需求，然后提供相应的服务，提升用户的价值感和满意度。

目前国内三大运营商已经就 5G 计费进行了表态。中国移动将采用多量纲资费设计，采用"基础套餐＋多场景计费"的方式，而且将推出网龄计划，用户网龄越长优惠越大。用户无须换卡或换号，即可享受 5G 服务。中国联通会根据客户需求，一客一策，推出基于场景的多元化收费模式。中国电信将从单一量纲转为多量纲，从 2G、3G、4G 的使用量到 5G 的使用量、切片量、连接量、时延等级、速率等级为衡量标准。如此复杂的计费策略，需要 AI 技术的加持才能做到。在未来，定价会变得实时、动态、数字化，由静态价格发展到二次议价、智能定价，如图 4-1 所示。主要包括：

- ✓ 基于网络资源供求关系进行智能定价。
- ✓ 基于不同的客户资料进行智能定价。
- ✓ 不同时刻设定不同的定价。
- ✓ 根据业务使用量进行智能定价。

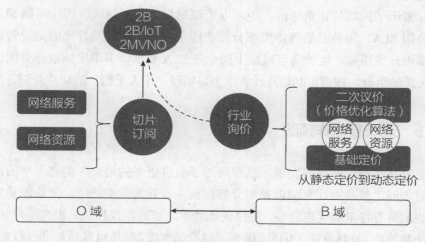

图 4-1 基于多量纲的智能定价

4.2.2 5G 计费因子确定

网络计费系统对于运营商（ISP）来说是一个极其重要的支撑系统，不仅可以用于统计用户的费用，而且还可以用来监控网络数据流量，优化网络资源分配。随着互联网上业务类型的不断丰富，用户对网络质量和应用需求提出了不同的要求，而现有的网络计费方案存在计费方法简单、计费规则不合理等问题，严重制约了用户的发展和新业务的推广。

现有的计费方法主要有两种：单一价格方法和基于使用量的线性价格方法。这些计费方法都采用单一的计费原则，随着网络服务的多元化，单一的计费原则已经不能体现出多级别服务的差异性，也不能保证服务质量。因此，需要根据业务类型和网络状态对用户业务进行计费。基于服务等级协定（Service Level Agreement，SLA）的网络计费方法能够为用户提供差异化的服务、保证用户 QoS、控制网络拥塞、合理分配网络资源等。

SLA 协定有一个很重要的关注点是它的"可测量性"与"测量方法"，在计费系统上，指的就是计费指标和计算这些指标的方法。只有这两者明确了，才不会引起和客户的纠纷。基于 SLA 的非线性方法，通过和客户签署 SLA，以合约条款的形式定义基础业务类，划分服务质量等级，利用价格杠杆，促使用户选择合适的业务类型，对用户实行差别服务。根据不同的商业模式需求，可构造多维度、多因子的切片计费矩阵。矩阵以资源用量、资源品质、切片可测 SLA、切片分级 SLA、服务品质等维度细分计费因子，以此提供差异化的定价策略。依托多维计费矩阵，运营商可根据不同业务 SLA 要求，多维度抽取计费因子并进行灵活的组合，按需定制切片计费模型，实现"千人千面"的切片营销。

4.2.3　5G计费欺诈预防

随着移动宽带网络的发展，运营商为了吸引更多的用户，提高用户的满意度，对访问运营商网厅页面以及部分特定业务设置为免费费率，免收流量费或对这些流量有特定的优惠套餐，提供优惠费率，以此回馈用户，提高用户体验。优惠计费策略，虽然方便了用户，提高了用户满意度，但是也容易被非授权使用。目前全球多个运营商已经发现有部分用户和公司利用运营商提供的优惠计费策略漏洞进行计费欺诈行为，已致用户获取不正当的优惠或非正常渠道免费上网，给运营商造成了很大的经济损失。

利用运营商的优惠计费策略进行计费欺诈的条件如下：零费率配置全，比如网上营业厅业务免费；标准协议存在的缺陷，比如 Http Get 请求中携带多个 Host，协议并没有明确规定取哪个 host 进行计费；欺诈工具，用户在终端上安装欺诈工具，修改正常访问的 HTTP 报文。这些欺诈具有如下特点：不可预知性，新的欺诈工具和场景无法提前预知；蔓延性，一种欺诈场景能够衍生出多种相似场景，而且蔓延速度快；全球性。

移动通信中的计费欺诈大致可分为：利用通信网络本身的安全漏洞进行技术上的欺诈；利用仿冒手机或 SIM 卡进行设备上的欺诈；针对规则漏洞进行欺诈；来自运营商内部管理人员的欺诈；利用漫游的时延和协调上的困难进行欺诈。当然，随着技术的进步，欺诈行为也越趋多样化，给反欺诈技术带来了更大的挑战。如图 4-2 所示为计费欺诈的主要数据流程。

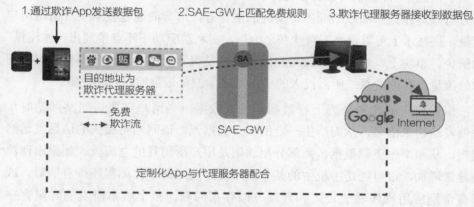

图 4-2　计费欺诈的数据流程示意图

虽然欺诈手段复杂多样，但最终都会产生话单。如何从大量的话单中尽可能快速、准确地分析出潜在的欺诈行为，并做进一步分析，是反欺诈成功的关键。反欺诈系统的处理一般分为 3 个阶段。

第 1 步，进行原始话单预处理，留下关键信息，再通过初步侦测，找到异常通话记录，分离出有潜在欺诈行为的话单，并生成预警记录。

第 2 步，对每一个预警记录进行详细分析，找到真正的欺诈案例并进行欺诈类型归类。

第 3 步，根据欺诈行为类型、用户信誉度和制定的商业规则，对欺诈的用户进行呼叫限制、停机、催缴、划账、告警等处理。

4.2.4　5G流量异常监测

对用户使用流量的合理计量，是保障 5G 科学计费的重要基础，必须通过科学有效的手段，确保对用户使用流量的合理计量，同时严格监测 5G 流量的异常使用，规避用户在使用 5G 网络时出现的"偷跑流量"现象，提升用户 5G 流量使用感知。

在流量资费下调的大背景下，"偷跑流量"却一度成为网络热词。许多用户的手机都出现过流量非正常消耗的现象。5G 网络理论上的传输速度可以达到 10 Gbps，而 4G 网络的传输速度只是 150 Mbps，也就是说，5G 网络的传输速度是 4G 网络的数百倍。随着 5G 网络时代临近，流量偷跑将会更加严重。所谓手机流量，即手机与服务器之间交换的数据大小。在质疑运营商"偷跑流量"一方看来，作为移动数据业务价值链的主导方，运营商通过技术手段偷跑用户流量，在技术上可以说"不费吹灰之力"，在利益驱动下不难推测出"偷流量"的结论。事实上，运营商修改用户流量数据是得不偿失的。运营商要"黑"用户的流量，其改造系统所需投入的成本，比偷流量带来的收入要更多。

用户使用的流量分为上行数据和下载数据，当用户需要访问某网站时，先要发送请求信号，从而产生一定的上行数据流，该网站将相关的信息发送给用户，从而产生下载数据，两部分相加则是用户所消耗的总流量。如果出现流量异常增加，很可能是手机中的某个应用程序造成的。比如程序带有病毒，或者有个别应用程序功能设置和开发方面存在问题，某个版本研发的时候存在 bug，正好用户点击它，就产生了大量的流量。尽管这些问题并不是运营商造成的，但用户还是会把它归咎于运营商。因此，运营商若能够在用户流量使用异常时给出预警，将会大大提升用户的满意度。

异常是相对于其他观测数据而言有明显偏离的，以至于怀疑它与正常点不属于同一个数据分布。异常检测是一种用于识别不符合预期行为的异常模式的技术，又称为异常值检测。常见的异常检测算法包括有监督学习算法和无监督学习算法，前者需要大量的标记数据，在实际业务中并不常见。无监督学习算法包括基于统计的异常检测，比如滑动平均法（Moving Average，MA）、3-Sigma 方法，基于密度的异常检测，比如局部异常因子算法（Local Outlier Factor，LOF），基于聚类的异常检测，OneClassSVM 异常检测、IForest 异常检测和自编码器（AutoEncoder）异常检测等。利用这些算法，可以捕捉到用户流量异常的使用状态。根据异常的等级（通常是一个概率值），给用户执行特定的操作，比如短信提醒、电话提醒、断网等，避免用户造成重大损失。

4.3　应用于智能计费中的 AI 技术

4.3.1　ST-DenNetFus算法与网络需求弹性分析

　　网络需求预测在对网络进行规划和动态分配网络资源时显得非常重要，由于对网络需求的预测会受到很多复杂因素的影响，包括空间依赖性、时间依赖性以及一些外部因素（比如地区功能和人群模式），因此需求预测一直是一个很具挑战性的问题。

　　ST-DenNetFus 是 IBM 的相关研究者在 2018 年提出的一种基于深度学习的方法，它可以用于预测城市中每个区域的网络需求（比如上行或者下行吞吐量）。ST-DenNetFus 是一种能够从时空数据中捕捉到特定信息的端对端架构。图 4-3 所示为某运营商根据北京欢乐谷在不同日期、不同时段的网络应用情况，利用 ST-DenNetFus 方法对网络需求做的预测。

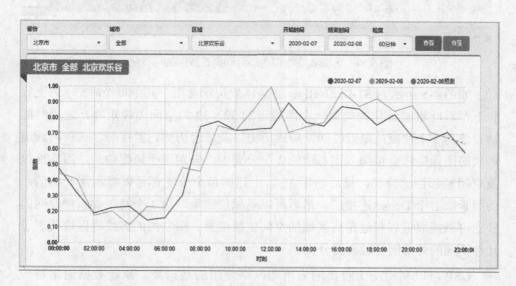

图 4-3　使用 ST-DenNetFus 方法进行网络需求预测

　　ST-DenNetFus 使用了多种不同神经网络来实现从时空数据里提取有用的特征，比如空间近邻性、周期或者是趋势的特征。对于每一种特性，又可以使用卷积神经网的单元来提取城市中每个区域的网络需求在空间上的分布性质。

　　ST-DenNetFus 还可以考虑一个额外的分支，用于融合引入各种在网络需求预测问题未考虑到因素的数据，比如可以是人群流动模式、区域的时间功能性考虑、每周的工作日时间等。如图 4-4 所示是考虑区域功能性和人口流动模式的两种额外因素数据的可视化示意。

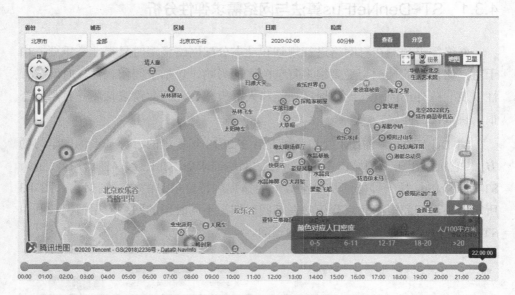

图 4-4　区域功能性和人口流动模式数据的可视化

如图 4-5 所示为 ST-DenNetFus 的具体架构示意图，其中每个时刻 t 的上行和下行吞吐量被转化为类似一个两通道的 32×32 的空间图像矩阵。之后时间轴被分为 3 个片段：最近时间、最近历史以及遥远历史。紧接着，这种两通道形式的图像矩阵会被馈入图右边的 3 个分支中，分别用于捕捉趋势、周期性以及空间紧邻性的特征，最后输出 X_{in}。上述的每个分支都是以卷积层开始的，后面紧跟 L 个 Dense 连接层，最后再以卷积层结束。这 3 个基于卷积神经网的分支可以提取近邻和远距离区域的空间依赖信息。图左侧的虚线框区域代表了几种不同的外部因子融合的分支。

CSP 可以利用历史收集的应用和网络使用的数据集。原始数据通常是一段时间内的各种网络使用进程数据并带有地理位置的标签，这些数据可以来自任何客户的网络连接的终端，比如手机、笔记本、座机或者是各种联网设备。在原作者给定的数据集上 ST-DenNetFus 得到了比传统深度学习（比如 RNN、LSTM、朴素贝叶斯）或者其他统计模型（比如 ARIMA）更好的预测表现，图 4-6 是模型对网络需求预测的对比图，其中数值越小表示预测的越准确。图 4-6（a）表示的是下行的吞吐量，图 4-6（b）表示的是上行的吞吐量。

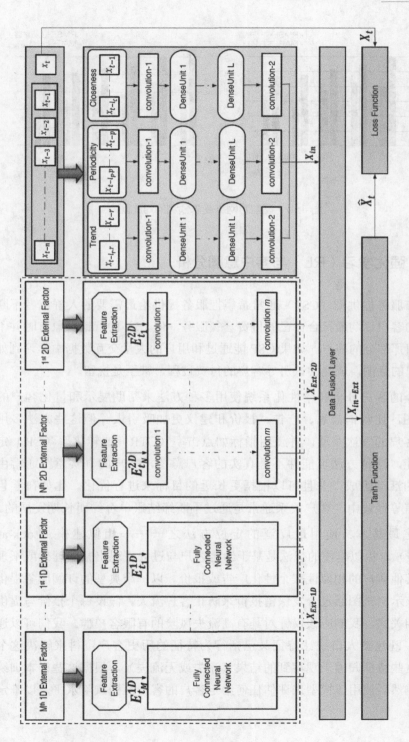

图 4-5   ST-DenNetFus 架构

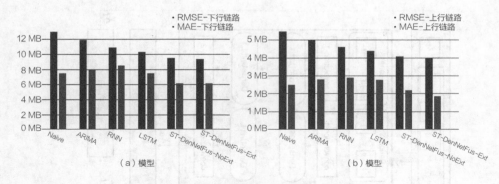

图 4-6　模型对网络需求预测的对比图

4.3.2　强化学习（RL）与客户意图分析

通信服务提供商（CSP）通常希望把服务提供给最需要的人群或者不断引导现有的客户订购最符合自己的付费套餐服务，但 CSP 的营销对象有时并不是最具价值那部分的客户。如果 CSP 能通过和用户的大量交互数据中学习到如何揣摩客户的意图，就能尝试引导客户的付费过程，甚至是挽留。

如今的客户分析和个性化系统使用多种方法来帮助展示和量化客户的偏好和意图，使营销信息、广告、报价和建议更加吸引人。但这些方法多用于优化与客户的一次互动，并使用指标如点击率（CTR）或转化率（CR）定义目标功能。这种方法可能并不是真实的客户意图，客户的真实意图通常由多个相关的活动组成，并且可以根据更长远的目标来进行优化。比如在零售银行和电信等行业中，客户关系通常是通过不断缔结账单合约而长期发展的。

考虑最基本、使用最广泛的定位方法之一——相似建模（Look-alike Modeling）。相似建模的想法是基于给定客户与过去表现出某些理想或不理想属性的其他客户的相似性来个性化广告或报价。以一个典型的订阅服务提供商为例，该示例试图通过分发保留报价来防止客户流失。假设每个报价与提供商的成本相关联，我们应该仅针对具有高流失风险的有限客户群。我们可以通过收集许多既包括人口统计特征又包括行为特征的历史客户资料来解决这个问题，将这些特征归因于观察到的结果（流失或无流失），根据这些样本训练分类模型，然后使用该模型来评估任何给定客户的客户流失风险水平，以确定是否应发出要约，如图 4-7 所示。

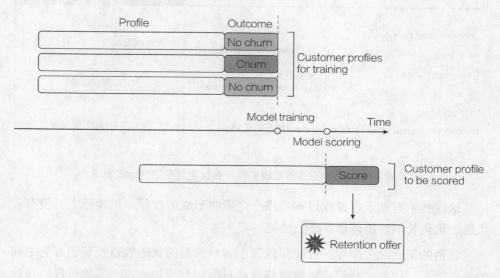

图 4-7　Look-alike 对客户流失风险预测建模示例

　　相似模型的明显局限性之一：针对不同结果和目标的模型是分别构建的，而有关产品之间相似性的有用信息将被忽略。在提供大量产品的环境（如推荐系统）中，这个问题变得很关键。通常这个局限性问题可以通过将用户功能、产品功能和更大的用户提供的交互矩阵合并到模型中来解决，从而可以在所有产品中推广交互模式。这种合并可以通过许多协作式过滤算法来完成，包括基于矩阵分解、深度学习方法的算法。这些方法通过合并更广泛的数据（包括从文本和图像中提取的特征）来帮助更准确地预测客户意图，但这对于优化多步操作策略并不是特别有用。

　　策略的优化问题可以通过更仔细地设计目标变量来部分解决，而这组技术代表了基本相似建模的第二个重要扩展。目标变量通常旨在量化某些即刻事件（如点击、购买或取消订阅）的可能性，但它也可以包含更多的策略性的考虑因素。比如，通常将相似建模与生命周期价值（LTV）模型相结合，不仅可以量化事件的可能性，还可以量化事件的长期经济影响（比如，客户从流失转向保留过程带来的总收益是多少，或客户接受特价后 3 个月内的支出增加），具体如图 4-8 所示。

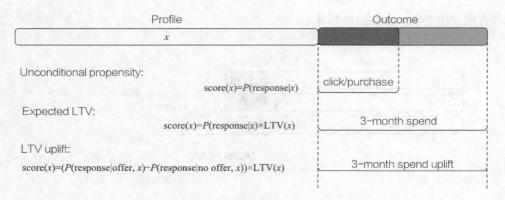

图 4-8　Look-alike 建模扩展 - 设计更复杂的目标变量

这些技术有助于将建模过程当作一个策略形成的过程，但实际上并没有提供用于优化长期营销传播策略的框架。

营销的策略（多步骤）优化问题源于客户关系的状态性以及营销行为之间的依存关系。比如，我们可以将零售商品目标定位视为一步一步的过程，在此过程中，客户可以转化，也可以完全失去客户（并训练一种最大化转化可能性的模型），如图 4-9 所示。

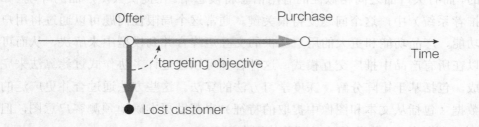

图 4-9　客户在营销行为前后的选择（购买或损失）

但是，实际的零售环境更加复杂，图 4-10 形象地说明了更复杂的多步客户旅程。在转换发生之前，客户可以与零售商多次互动，并且客户进行相关购买。比如说考虑以下促销活动方案：

✓ 通过广告通知客户有关产品功能和其他套餐的信息。

✓ 宣布一项特别优惠，通过在第二次购买时提供折扣来激励顾客购买产品。

✓ 首次购买后，会激励客户进行第二次购买以兑换特价。

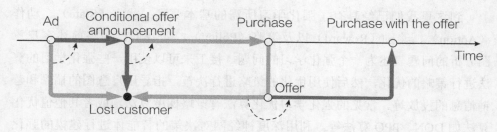

图 4-10 更复杂的多步客户旅程

以上策略中的所有操作都是相关的，它们的顺序很重要。比如，仅有初始广告可能不会增加转化，但可以提高下游商品的效率。如果不是在对话开始时而是在公告和要约之间发布广告，也可能是广告最有效的情况，等等。

客户旅程的复杂结构在银行和电信等行业中扮演着更为重要的角色。在零售银行业务中，客户可以从基本产品开始，如支票账户，然后开设信用卡账户，然后申请经济服务或抵押；客户成熟度会随着时间的增加而增长，因此需要对产品进行正确排序以解决此问题。

上面的问题可以使用马尔可夫决策过程（MDP）进行建模（见图 4-11）。在此过程中，客户可能会处于几种不同的状态，并在市场活动的影响下随着时间的推移从一种状态转移到另一种状态。在每个状态中，营销人员都必须选择一个要执行的动作（或不执行），并且每个状态之间的每次动作都对应一些奖励（如购买次数），以便沿着客户轨迹的所有奖励合计为总回报对应于客户 LTV 或 ROI。

Customer state, t　　Customer state, $t+1$　　Customer state, $t+2$　　Customer state, $t+3$

s_1 One timer

s_2 r_{32} Multi product

s_3 a_1 a_2 r_{33} Repeater

a_3

s_4 r_{34} Expected LTV/ROI $Q(s, a)$ Loyal customer

s_5 Churner

图 4-11 马尔可夫决策过程（MDP）在复杂客户旅程建模中的应用

到这里我们已经具有了强化学习所需的基本要素：状态（State）、动作（Action）、奖励（Reward）以及策略（Policy），即我们已经将前述客户意图分析的问题表述为一个强化学习的问题。接下来可以使用一些强化学习的算法进行策略的优化，然后使用优化的策略进行决策，指导用户意图的揣摩和营销信息的投放等。常见的强化学习优化算法有策略梯度算法，或者其他值优化算法如 DQN、PPO 算法等。利用深度神经网对决策的智能体进行建模的强化学习又被称为深度强化学习（DRL）。

第二篇

客户与管理篇

第 5 章 AI 与客户体验管理

5G 时代，AI 技术不仅可以为网络智能切片、物联网和运营商 5G 网络的多量纲计费等网络域的业务场景进行注智赋能，同样，在客户服务、客户管理、业务流程管理、商业智能分析（BI）等业务领域也有着重要的应用前景。

随着越来越多的企业通过采用人工智能来提升客户体验，客户体验领导者和从业人员开始认识到，人工智能具备改变客户体验本质的潜力，覆盖了从客户体验战略到设计内容和设计方式的各个环节。企业管理者意识到 AI 技术在提升客户体验上可以使企业获得更高的客户评价和收益。人工智能系统能够尝试模仿人类思维的方式理解非结构化信息。除此以外，还能够以更快的速度利用大量数据，从交互中学习，累积学习的能力。由于人工智能系统已经具备看、说、听等能力，这将帮助现有的客户体验团队进入了一个全新的时代。

本章从客户网络感知与运营商实际网络 KPI 指标的差异角度切入，引入了客户体验管理（CEM）的理念，并引入了具体的业务应用案例，读者可通过本章内容阅读，详细阐述 AI 技术如何为客户的体验管理提供注智赋能。

5.1 客户感知网络质量与客观 KPI 指标差异

5G 网络承诺有极快的上网速率，更低的延迟以及可实现大量的机器对机器的通信交流，但这些是否真的就能够保障消费者可以愉快地使用 5G 服务呢？为了保障在各种各样新场景中的服务质量（Quality of Service，QoS），5G 服务使用了端到端的网络切片架构。这样人们就可以实现创建虚拟网络，用来接收动态分配的端到端虚拟资源，从而满足特定服务的性能目标。这样一来，一些紧急的服务可以相对于其他没那么关键的服务在资源受限的情况具有更高的优先权来接收网络切片。理论上来说，这样应该可以保证更高的 QoS。QoS 是实现用户 QoE 的技术面因素之一。QoS 针对一项具体的业务，由特定业务的功能、性能、可用性、可操作性、安全性及其他因素来描述。用于实现 QoS 保证的参数有优先级、延迟、延迟抖动、包丢失率、吞吐量、承载可靠性、帧误码率、业务响应时间、包重排序、会话阻塞率、会话可用性、会话持续性和会话接入时间等。如图 5-1 所示为网络性能 KPI 指标、QoS、QoE 的关系。

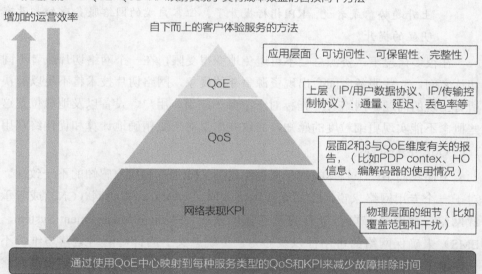

图 5-1　网络性能 KPI 指标、QoS、QoE 的关系

　　但是要注意，这里可能会存在一个问题，在网络评估中一般通过监测各种关键性能指标（Key Performance Indicator，KPI）来计算 QoS，而这些 KPI 指标反映了关于网络质量参数的监测。而这些 KPI 指标并不能保证用户端感知的服务质量（Quality of Experience，QoE），QoE 或称客户体验质量是定义在用户感受层面上的。好比你对家中的自来水管道做了各种检修，最后能够保证水管不漏水，但你却不能以此来保证得到管道中的水很好喝的结论。通信服务在提供商日常的网络运维过程中时常会发现，传统的网络 KPI

很难完全反映终端用户的感受。传统的网络规划方法通常是从测试到网管记录的网络性能指标（KPI）分析形成规划方案，最后进行资源投放；这样会造成 KPI 指标好，客户感知却不理想的情况，且无法获得解决，甚至无从知晓问题在哪里。客户感知的网络质量与客观上使用的网络 KPI 指标的不一致性，举例说明有：

✓ 流媒体电影可能满足某些 KPI 指标，但是客户感知的 QoE 可能还会依赖于他/她使用的是电视观看或者是小型的移动设备。

✓ 只专注于平均 KPI 指标的通信服务提供商可能错失对一些高级游戏玩家进行个人化服务微调的机会。

✓ 整体网络的 KPI 指标表现良好，但是单个用户的投诉却依然很多甚至有上升趋势。或者说，KPI 指标提升了，但客户端的网络服务感知却没有明显的提升。

在很多情况下，资源总会不可避免地变得受限，在一个网络切片或者不同切片之间，一些服务之间会出现资源争夺的现象，网络切片技术将不足以解决所有出现的问题。网络 KPI 指标对于服务、应用、用户、设备以及地理位置这些概念不能实现更细粒度的感知，而这些信息对于更精确地计算和优化终端用户的 QoE 至关重要。

下面我们举一个具体的例子来说明这种 KPI 指标和用户感知的不一致性。对于一个专用网络来说，比如无线电接入网（RAN）、核心网（CN）或者承载网络，通常具有自己专有的元素管理系统（Element Management System，EMS）来确保网络的可用性以及 QoS。传统意义上的针对网络运营与维护不一定能意味着较好的用户感知网络质量。图 5-2 和图 5-3 分别展示了很高网络 KPI 指标的网络系统以及较差的 QoE。

图 5-2 中，CN、RAN 和 IP 承载网的 KPI 指标都非常高，这意味着网络的质量相当好；然而，呼叫质量却仍然很差。这可能是因为呼叫在异常的单元中会掉线。在这个单元中的用户可能会体验到非常差劲的服务，但是这种低品质单元可能被其他高 KPI 的单元所掩盖，如图 5-3 所示。因此这告诉我们网络的 KPI 指标并一定反映出端对端的服务质量，并且不应该作为改进服务质量的唯一基准来使用。

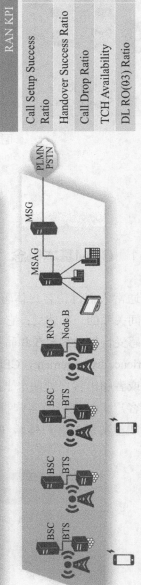

CN KPI	
Through Connection Ratio	Over 98%
Successful Location Update Ratio	Over 95%
Successful Handover Ratio	Over 97%
Successful Voice Paging Ratio	Over 95%
Successful SMS MO/MT	Over 97%

IP Bearing KPI	
Packet Loss	<1%
Delay	<150ms
Jitter	<30ms

RAN KPI	
Call Setup Success Ratio	Over 98%
Handover Success Ratio	Over 97%
Call Drop Ratio	0.18%
TCH Availability	Over 97%
DL RO(θ3) Ratio	Over 96%

图 5-2　良好的网络 KPI 表现

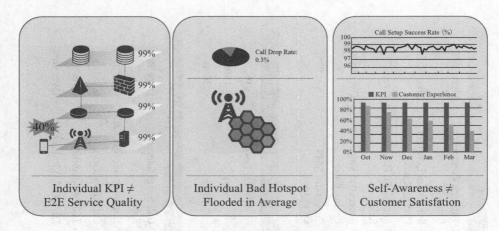

图 5-3　实际的用户端的感知质

5.2　CEM 概述

5.2.1　CEM基本概念

　　通常人们讨论客户体验（Customer Experience，CX）是指客户对自身与品牌之间关系的一种感受；它不仅有直接意识上的感知，还包含潜意识中的感受，这些感受自然是客户在和品牌产品的互动接触中获得的。客户体验管理（Customer Experience Management，CEM）则是指在和客户交互的活动中设计并响应从而达到或者超出客户预期水平的一种实践，品牌商通过 CEM 实现较高的客户满意度、客户忠诚度以及客户拥护度。我们也可以认为 CEM 实际的目的在于消除公司期望实现的客户体验和实际发生的客户体验之间的差距，如图 5-4 所示。

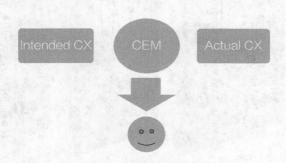

图 5-4　CEM 实现对用户真实体验管理

CEM 的概念听起来可能过于理想化或者难以捉摸，但可以肯定的是任何商业公司忽视了 CEM 都将会感受到明显的挫败感。实际上，CEM 在今日高度竞争化、广连接的全球市场环境中已经成为一个关键性的区分指标。麦肯锡分析指出聚焦于 CEM 的企业将会在两到三年内得到 5% ～ 10% 的收入增加以及 15% ～ 25% 的成本减少。但是在当下的社会环境中，实现超高的客户体验比以往任何时候都要困难。社交媒体平台的爆炸性发展以及巨大的成本压力迫使服务提供商们不得不寻求一些新的方式控制成本，并在可接受范围的情况下尽可能提升客户的体验感受。设计交付无缝对接的敏捷性系统，建立客户忠诚并减少客户流失，在所有的数字通道端利用数据来重新定义电信服务提供商和客户之间的关系。电信服务提供商必须面对着激增的用户数量以及所提出高质量的需求和更好的客户体验的挑战。增强用户服务体验，提升运营效率，控制交易成本。

客户的个人体验虽然因人而异，但必然存在很多共通的规律，正如心理学总可以将人的性格分类并指出描述不同群体的共通特性。电信服务提供商在与客户的交互活动中收集用户评价、对各种操作响应或者是问题解决方案中的互动，可以逐步获得客户对产品服务的感知数据，对客户进行分类、归因，从数据中感知客户需求，逐步实现客户保留的目的。

客户的满意度意味着必须能够迅速响应用户所提出的问题给出正确的信息反馈。在电信行业中，维持客户的满意度对于保留客户和减少用户流失是至关重要的。有调查表明，大约有 51% 的美国用户曾因为较差的用户体验转变了自己的服务提供商。只有 50% ～ 60% 的用户能够对自己的服务提供商感觉到满意。客户对服务体验的要求通常有：

- ✓ 快速的响应：约有82%的用户认为超快的问题解决速度是高级客户体验的首要原则。

- ✓ 56%的电信用户使用自我服务选项来确定自己最合适的套餐计划；77%使用自助服务来结账埋单或者是为账户充值。

- ✓ 个人化的体验：电信公司必须能提供吸引人的、个人化的体验，从而能够维持客户的忠诚度并得到他们的进一步支持。

在万物互联的时代，用户对于通信网络的诉求从以前的"处理更多的数据"已经逐步演化为"满足更多需求"。通信运营商之间的竞争固然可以通过降低资费来获得优势，但是真正意义上的网络服务质量提升才是获取客户并保持客户拥护度的根本所在。因此关注用户的网络质量感知，可以帮助运营商降低投诉率，从客户终端的角度来提升体验满意度。

5.2.2 客户网络体验感知量化

我们通常可以认为用户端对网络体验的感知，也称为 QoE，主要的决定性因素分为两个方面：一是技术面因素，端到端网络质量、网络 / 业务覆盖率和终端功能；二是非技术面因素，业务使用简易、业务内容、资费和客户支持。QoE 包含了所有参与网络通信过程中的各个方面，包括用户、运营商、内容提供商，或者应用提供商、设备制造商，或者系统集成商、终端设备和应用软件。

对用户感知的定量化，通常可以从以下 4 个方面来考量：

✓ 服务接入性质量，比如用户希望使用某应用服务，运营商应能尽快地保证服务接入，常见的如呼入成功率、建立呼叫时间。

✓ 服务完整性质量，即用户在使用应用服务过程的质量，比如语音、视频通话的质量。

✓ 服务保持性质量，它是用来描述一项应用服务的终止情况，比如掉线率。

✓ 网络覆盖性能，即最基础的用户能接受服务的覆盖性能。

从最基础的网络软硬件层面的基础性能出发，运营商可以抽取出关键性能指标 KPI，对数据进行分段特征性的量化提炼出业务相关的关键质量指标（Key Quality Indicator，KQI），最后通过所建立的模型（比如利用业务相关性和多样性决定的权重进行加权映射）计算得到 QoE 的一些核心指标，从而可以构建出一个全面、完整的客户感知的网络质量评估体系。

由网络端的 KPI 指标，可以进一步形成运营商业务的 KPI，再经由 KPI 映射到关键质量指标 KQI，KQI 是针对不同业务提出的贴近用户感受的业务质量参数。在非技术因素方面，可以将影响用户体验质量的非技术因素通过用户投诉来呈现，在进行聚合分类之后，根据各类投诉的内容及特点映射到技术因素方面相应的 KQI 上。由于 KQI 指标及用户投诉体现的只是针对某种业务的独立感知，与用户的真正体验仍存在一定差距，因此需要将各种 KQI 指标及用户投诉内容综合映射到用户体验质量 QoE。

如图 5-5 所示为一种 KQI 和 KPI 指标之间的关联示意图。在通常情况下，运营商可以从端到端业务实现的具体过程开始，根据经验提炼出影响关键服务质量指标 KQI 的网络影响因素，确定网络 KPI。

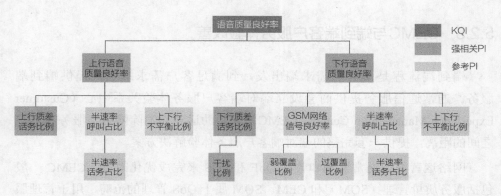

图 5-5　KQI 与 KPI 关联示意

图 5-6 是在通信领域中常用的指标分类方式，底层是原始数据参数，传输的是一些基本信息，比如带宽、抖动、网络等。第二层为 KPI，这些是在监控的时候抓取的指标，比如 bug 指标、延迟指标。再上层为 KQI，基于 KPI 生成的关键质量指标，还有 KPI 未涉及的音频、视频、用户交互等部分。最终这些综合起来就是 QoE。

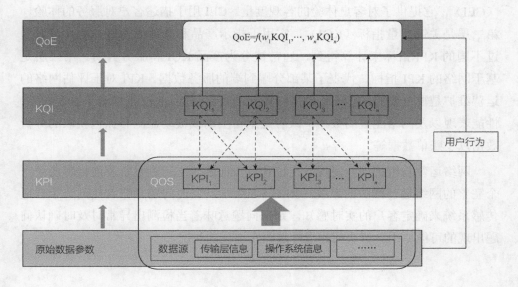

图 5-6　KPI、KQI、QoE 关系的示意图

如图 5-6 所示，服务提供商可以从 QoE 出发从上向下反推底层与之相关的技术因素 KPI，或设计权重和映射关系，也可以从原始的是网络性能参数关系出发设计 KPI，向上最相关的 KQI 指标，再寻找和 QoE 的关联关系。

5.2.3 CEMC与端到端客户服务体验改善

端到端流程是从客户需求端出发，到满足客户需求端去，提供端到端服务。通常通信服务提供商会设立端对端客户服务体验关系中心（Customer Experience Management Center，CEMC）来帮助运营商消除网络、服务和客户之间的距离，提供一套完整的端对端客户服务体验解决方案。

网络运营维护通常监测和管理 QoE 和 QoS 来完成优化改善。CEMC 一般包括服务质量管理（SQM）和 CEM。SQM 属于 QoS 管理的范畴，用于管理服务质量并提供可用于监测不同服务端对端质量的指标。CEM 属于 QoE 管理的范畴并用于从客户的视野角度来测量 QoE。通过分析客户所关心的问题，可以建立一个尽可能接近客户实际体验的用户感知 QoE 指标系统。CEM 通常用于管理用户服务体验感知。

端对端客户服务体验解决方案由关于客户、服务和网络的指标体系组成，这些指标用于测量和评估客户的感知，如图 5-7 所示。最顶层是客户体验指标（CEI），它提供了对客户体验的客观度量。CEI 用于描述客户对服务的体验。第二层是关键质量指标（KQI），它用于指示产品和服务的性能。KQI 可以通过不同的 KPI 指标来计算得到，通常被分为产品 KQI 和服务 KQI。第三层是基于网络的 KPI 指标，代表了某部分端到端的服务数据。KPI 对于评估网络的运营维护是很重要的，它还是 CEI 和 KQI 的数据基础。KPI 指标基于系统预警、性能表现以及网络配置的数据；或者是来自主动或被动监测和抓包获取的分析数据以及账单数据等。

网络运营与维护涉及发现、定位和解决问题。这三方面紧密连接形成了一个完整的网络运营维护的系统，如图 5-8 所示。发现问题意味着找到一个合适传感系统来确定客户的实时感知。定位问题意味着当检测出异常时及时确认问题出现的可能原因。解决问题意味着纠正出现的状况。

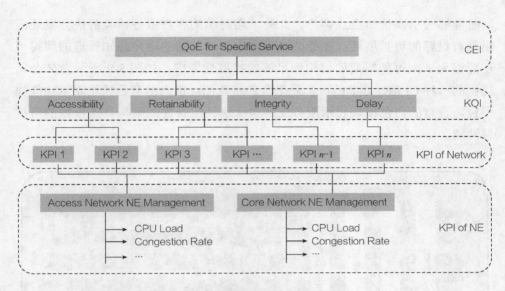

图 5-7 端对端客户服务体验方案

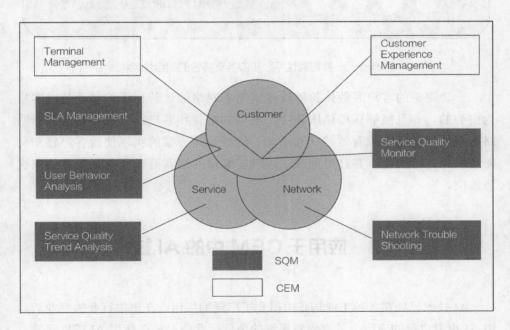

图 5-8 CEMC 的核心功能

CEMC 提供完整的运维功能，从而可以帮助运营商提升 QoE，建立客户关爱机制，提供具有保障的服务水平协议（Service Level Agreement，SLA），并同时能够吸引高价值企业客户。此外，端对端的客户服务体验解决方案还应当具有足够的可扩展性，在能适用当前服务运营商的用户感知管理的前提下还能够为未来可能需要的架构做足够的扩展性考虑，如图 5-9 所示为 Z 公司提供的一种 CEMC 方案的可扩展平台的示意图，横向的灰色模块表示功能性平台，垂直的白色模块表示服务支持包，这种组合性的架构具有很好的可扩展性能。

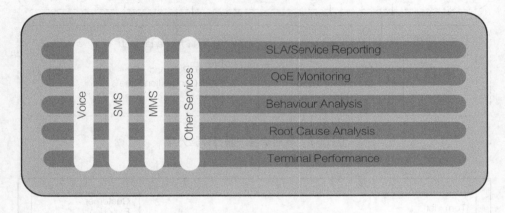

图 5-9　一种功能性平台和服务支持包的组合性架构

　　一套完整的客户服务体验解决方案要求网络的运营与维护必须是以客户为中心的，并且能够在提供服务中，前端的销售和客户部分能够通过后端网络的规划和优化完成有效的交互活动。这些解决方案的实现使得客户感知变得透明化、可控化，并且可溯源，同时能够帮助运营商在商业竞争中获取优势地位。

5.3　应用于 CEM 中的 AI 技术

　　AI 技术已经在各种工业场景中得到了广泛的应用，在电信行业的商业活动中 AI 也有自己的应用。具有创新思维的电信运营商已经在使用 AI 或机器学习技术来提高网络的可靠性，提升客户满意度和保留率，优化得到更高回报的商业过程。

　　AI 技术在电信行业中最直接的应用场景就是用来增强客户服务体验。A 公司、C 公司和 V 公司等美国领先的电信公司在各种流程中都利用了人工智能技术，其中业务清单里包括了自动聊天机器人、个性化报价和有效简化的客户服务流程等。除了直接提高客户服务的交流体验之外，AI 技术还可以在电信网络分析和预测维护场景中得到应用，通过对网络状况的优化、预测和故障归因分析，提高网络服务质量，从而提高客户感知的服务体验。网络维护通常被认为是 AI 驱动的第二代的解决方案，其重点在于以软件为中心的方法来实现自修复、自优化以及自学习的网络。

　　几年前，网络提供商曾经派遣现场工作人员到站点来定期检查硬件，导致频繁的延误和错误，对客户的体验产生负面影响。这种方法在今天仍然很重要并且已被广泛使用，然而使用 AI 技术，网络提供商可以避免许多紧急和计划外的检查。如今，算法可以监视网络中数百万个信号和数据点，以实时检测即将发生的问题。根据这些数据，公司可以通过负载平衡做出反应，重新启动所涉及的软件，或派遣人员来解决该问题，从而避免在客户注意到之前就造成许多停机问题。A 公司实验室高级技术副总裁 Mazin Gilbert 预测，预测性网络维护将在未来几年继续推动有利的费用趋势。

5.3.1　ADS算法与用户网络感知原因定位

　　异常检测（Anomaly/Outlier/Novelty/Peak Detection）通常并没有普遍可接受的关于异常值定义，很多定义都依赖于所处理问题的具体情景。通常一个异常值是指和数据集中其他数据样本看起来相当不同的数据样本。在通信网络产业中，异常值通常和商业上的考虑紧密相关。一个异常的数据样本指向一个事件或者指向导致功能失调的组件（软件或硬件），通常直接或间接地造成经济损失。基于 AI 技术的异常检测系统（Anomaly Detection System，ADS）相较于传统的 ADS 具有更高的可推广性，可以集成于不同的环境中去。

　　通常 ADS 收集大量的数据并基于先验知识（或者是专家系统）来确认异常的数据点，或者是基于从数据中学习到的知识来确认异常的数据点。根据具体的应用领域和 ADS 的可靠性，可以将检测到的异常报告给专家以进行分析，也可以将其反馈给另一个自动运行缓解措施的系统。

根据具体的分析环境，ADS 可以具有不同的数据输入类型。数据输入的类型通常限制了异常值检测使用的技术或算法。

- ✓ ADS 的输入数据可以是由网络上不同设备运行过程中生成的系统日志文件，也可以是呼叫数据记录（Call Data Record，CDR）的通信日志。这些日志数据通常是一个高维的数据帧。
- ✓ ADS 也可以是带有计数标记的时间序列数据，比如某项服务的订阅使用数随时间的变化函数。
- ✓ ADS 还可以以网络图作为输入，这些图可以是静态的或者动态的，比如可以考虑蜂窝网中的单元拓扑来检测干扰问题。空间位置的数据（比如用户坐标）也能揭示异常的存在，比如用户在某个接入点或者天线周围的异常分布可能是由于接入点内的问题引起的。

依赖于不同的输入数据类型，输出的异常类型也可以是多种多样的。比如，若输入数据为网络图，异常输出可以是边或者节点。如果输入是某种序列，比如网络日志等，异常可能就是一些事件序列。异常值可以分为异常点、集体异常和情景异常（Contextual Anomaly）。

- ✓ 异常点就是单个样本点具有异常行为。比如对一个服务器来说，短时间内的过载可能会对应一个反常的较长响应时间。
- ✓ 集体异常是指一堆数据样本点整体都表现异常。这种情况可能发生在序列数据中，比如时间序列数据中，比如一次错误的测试配置带来持续性的流量损失或丢包行为。
- ✓ 情景异常是指某个样本数据在特定的情景下是异常的，而在其他情景下可能是正常的。比如，在计划的维护操作期间，单元业务量的下降是正常的，而在其他时间段则是异常的。

ADS 的输出可以是分数或者是标签，灵活性的 ADS 通常返回一个异常的分数值。使用者可以有两种选择：① 选择具有最高分数的前 n 个样本；② 设置一个截断阈值，然后只考虑在阈值分数之上的样本为异常。ADS 当然也可以返回一个二元的标签（异常或正常）或者一个多分类的标签（正常、A- 类异常、B- 类异常等）。

检测异常值通常会在很多层面上面对多种挑战。

- ✓ 正常数据的定义是特定于具体领域的，没有统一普适的程序来对正常的数据建模，定义为正常甚至是主观或难以校验的；并且数据的类别（正常或异常）的样本数一般都是不均衡的，很多统计的方法对小样本数据不适用，因此对异常数据建模也不是易事。

✓ 关于正常数据和异常数据的边界实际上是含混不清的，此外数据中可能存在噪声使得主观上假定的异常和正常的分别变得更加困难。

✓ 数据是否正常的判断可能是随时间改变的，并且模型中未定义过的新异常也可能会出现。

✓ 在很多领域中，拥有带标签的数据集来训练模型是很不常见或者不现实的。

用于异常值检测的算法可以是基于专家系统知识的方法，也可以是机器学习类统计方法，比如回归、分类、聚类、序列分析、规则推导等。现有的研究中有大量研究关于分类和预测，包括用于自修复的蜂窝网络。尽管异常值检测处理的是带有标签的数据，但是最终目的却是像监督学习那样做标签预测。异常值检测通常希望能够对网络异常值出现进行溯因，找到那些对用户网络使用具有负面影响的原因或者说是对影响网络质量的问题进行定位。为了能够建立端对端的诊断系统来判断不同类型的问题，并同时考虑不同特征之间的依赖关系，通常需要使用一些规则归纳的算法 来从数据中推断出一组指向无效性根源的规则集。在这种情况下，决策树的方法实际上并不是一个很好的选择。除了因为决策树需要编码好的分类数据（在数据量很大的情况下不现实）外，它需要一个已经处理好分类的数据库，这对成本来说是一个很大的负担，并且很难保持更新。

5.3.2　Chatbot技术与客服体验优化

AI 赋能的客户服务交流解决方案通常以聊天机器人（Chatbot）的界面呈现，Chatbot 是一种计算机程序，能够通过音频或文本方法进行对话。即聊天机器人系统用于模拟人类对话，并且通常被公司用作与客户互动的方式，如图 5-10（a）和图 5-10（b）所示。

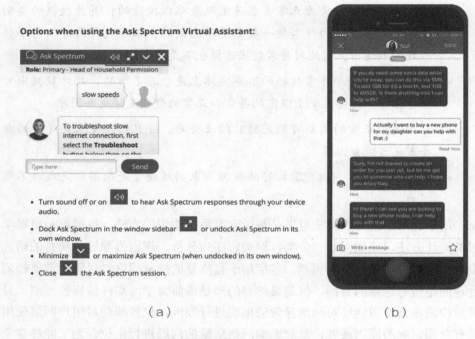

（a） （b）

图 5-10　基于网页或移动端的聊天机器人客服

　　聊天机器人作为虚拟的聊天助手可帮助客户进行故障排除、账户信息或有关网络服务的一般问题。聊天助手管理的客户查询范围从确定服务中断到订购付费内容服务。聊天助手还可以为用户提供有用的提示和帮助中心的链接，或者在请求更复杂的情况下，将其推荐给实时聊天的人工客服。这样一来，一些工作任务就从人工客服的团队工作中分离出来，把人工客服用于处理更苛刻的案件。尤其当客户需要解决的问题数量非常大，以至于人类客服难以应付的时候，聊天机器人客服的优势将得到明显展现。服务提供商还可以通过多种方式使用聊天机器人，比如简单形式的站点指南或 FAQ 指南，或者以更专门的角色使用虚拟支持代理或虚拟销售代理。可以帮助客户填写表格或进行调查，甚至可以充当聊天室主持人的角色。尽管我们通常会在网站上遇到聊天机器人，但在其他地方也可以使用它们：

　　✓　在即时消息传递平台上：聊天机器人可以24×7全天候在线回答用户查询甚至进行讨论。

　　✓　在SMS上：客户可以使用聊天机器人从手机中获得查询的答案。

　　✓　在推特上：聊天机器人不仅可以回答查询，还可以代表公司发推文。

✓　聊天机器人还可以部署在横幅广告、计算机亭或台式机中。

有时候这种服务也可能以后端的形式出现，来帮助客户服务部门的运行更有效。比如说通过分析广泛的后台数据帮助人工客服迅速确认客户的问题所在并能及时地找到对应的解决方案。以下是几个电信运营商使用 AI 算法在客户服务体验改善的例子：

✓　作为客户请求和客户帮助中心之间的网关。

✓　将客户、客户请求路由到适当的代理商，并将具有购买意向的潜在客户直接路由到销售部门。

✓　分析客户请求以及网络数据，更有效地找到解决客户问题的解决方案。

✓　让客户通过语音而非远程控制来浏览或购买媒体内容。

研究表明，超过 50% 的客户相信无须客户服务代理商的帮助即可自行解决问题。聊天机器人将是此处的理想解决方案，因为它们可以引导客户完成整个过程，同时让客户带头。分析客户行为不仅对业务有益，而且对客户也有利。聊天机器人可以跟踪客户的使用方式并推荐合适的产品。通过提供有关客户感兴趣的产品的更多信息，聊天机器人可以帮助客户选择最适合其需求的产品。在每次交互过程中了解客户，可帮助聊天机器人有效地响应客户查询。

如今，客户可以使用其他渠道与服务提供商建立联系。在使用聊天机器人与世界进行无障碍通信之前，我们可能还有很长的路要走，但是该技术确实有可能彻底改变电信行业的客户体验管理。

5.3.3　基于KDtree、LSTM以及多算法融合的网络容量预测

通常运营商可以使用自建或者第三方提供的 AI 引擎平台来搭建自用的模型，有的平台还可以根据单元异常检测和容量预测方案帮助定义数据收集标准和元数据规范，并将多个数据源、多个周期和难以理解的低质量数据转换为统一的数据源以便轻松理解高质量数据。基于专家经验的预设异常阈值可检测异常数据并自动批量标记异常。对 5000 多个性能指标执行数据聚类，以识别 7 种类型的数据特征，比如数据周期性、趋势和突发等。这为高质量、高精度模型训练提供了保证。

短期容量预测：KD-tree 是一种分割 k 维数据空间的数据结构。主要应用于多维空间关键数据的搜索（如范围搜索和最近邻搜索）。使用 KD-tree 来构建网络单元在空间上的关系，有助于快速找到相邻网络单元。然后可以使用 LSTM Seq2seq 算法以统一的方式对网络单元进行建模，从而找出和用户行为密切相关的流量规律。此外，该算法还考虑了重要事件和天气因素，以有效预测意外事件。对于 7 天的容量预测和分析，该项目的预测有效性达到 97.21%，如图 5-11 所示。

长期容量预测没有很强的规律性，并且受网络更改和费率调整等大量外部因素的影响。容量预测的准确性始终是行业中的挑战。通过消除非人为因素引起的异常流量波动，基于小区特征聚类组对项目进行建模，并采用多算法融合收敛等关键方法提高基于数据特征聚类的容量预测精度。在分析了 20 000 个基站 6 个月的历史数据并预测未来 3 个月的容量之后，与传统的 Holt-winters 算法 39% 的有效性相比，融合收敛算法的预测有效性为 81%，如图 5-12 所示。

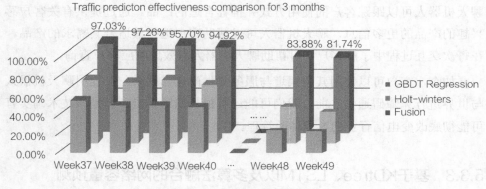

图 5-12　融合收敛算法效果

5.3.4　NPS度量与用户业务感知提升

2015 年世界移动通信大会（MWC）期间，E 公司发布了大数据分析套件 Expert Analytics 15.0。这套方案可以帮运营商预测 NPS，并且提出改进方案。NPS 是目前最流行的客户忠诚度分析指标，用以计量客户向其他人推荐企业业务的可能性。在同一个用户调查样本中，业务推荐者的比例减去业务贬损者的比例，即为 NPS。

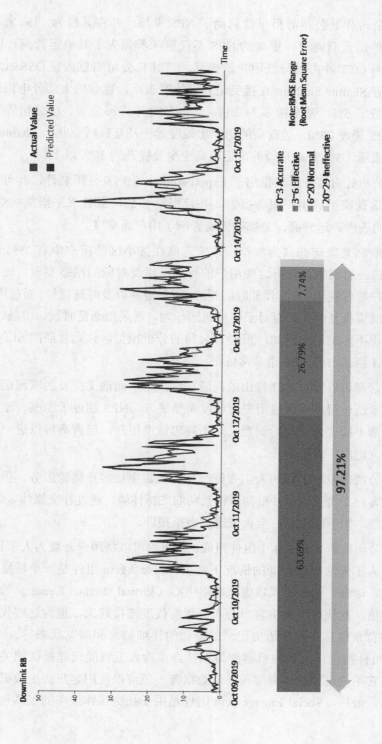

图 5-11 算法对网络单元容量的预测结果和真实结果对比

A 公司和 P 公司等很早就启动了 NPS 考核，并将其视为"未来利润"。对当前的运营商而言，更高的 NPS 不仅意味着领先于其他运营商，同样也可以在面对 OTT 冲击时降低用户流失率。当时 E 公司副总裁兼 OSS&CEM 产品管理主管 Shamir Shoham 在接受记者采访时表示，目前绝大部分电信运营商的 NPS 都低于 5%，甚至很多为负值。而相比之下，A 公司、G 公司等互联网公司的 NPS 超过 70%。运营商的用户忠诚度远不及互联网企业，Shamir Shoham 对记者表示，5% 是很危险的，运营商至少要提升到 30% 以上。

E 公司针对这一诉求推出了 Expert Analytics 15.0 分析套件，其可以在线、随时为运营商生成用户服务报告，并且根据 E 公司服务水平指数（SLI）预测 NPS，明确告诉运营商，是哪些因素影响了用户满意度。

以欧洲某家运营商为案例，该运营商在某小区的用户中有 25% 的高价值用户，E 公司收集并分析这些用户的行为，以及对应的网络要素。比如，在线收集用户观看视频的时间，此时的缓冲、下载速率以及时延指标。对应网页浏览，则采集网页打开时长；而对于用户通话行为，则采集通话时长、质量、计费等。整个过程不影响用户感知，根据 E 公司的分析模型，该运营商的 SLI 为 6.09，通过 SLI 测算出的 NPS 也非常低。

运营商可以针对 SLI 提出的问题加以改进，而前文提及的欧洲运营商，通过这套系统使得其高价值用户忠诚度明显提升，NPS 超过了 30%，整个过程，运营商都不需要进行问卷调查。对于高忠诚度用户，运营商可以进一步开展位置信息、定向广告等业务。

V 公司则发布了新的人工智能产品——数字化客户体验服务，供企业整合现有的客户支持渠道，并根据以往互动的支持体验，通过社交媒体、聊天服务、电子邮件、短信或电话，全天候提供虚拟援助。

V 公司的新平台由 4 个组件组成。此组件可以将用户升级为人工智能服务，以便在人工无法提供帮助的情况下使用。Live Agent 组件是一个桥接器，可通过文本、语音、视频方式以虚拟联络中心（Virtual Contact Center）等行业标准进行通信。此代理不仅将客户与人工智能代理连接起来，也为这些代理提供了有用的背景信息，包括历史记录、会话的详细信息和浏览状态等。Knowledge Assist 组件将创作工具与机器学习相结合，为人工智能代理提供相关的答案和指导。它不仅可以扫描内部和外部数据源，还可以使用客户历史数据来提供背景信息。最后，Social Engagement 组件是用于社交媒体推广的工具包，它不仅可以帮助企业在社交媒体上查找关于其品牌的热门话题，还可用于举办社交媒体广告活动。

V 公司的新产品比通用虚拟助理技术（如 AWS 中的 Alexa Skills Kit 或 Amazon Lex 服务）更适合支持客户体验，使用起来更加方便。相反，虽然 Lex 具有灵活性，但是它需要更多的编程工作来将 Lex 和相关的 AWS 服务整合到所需要的解决方案中，这就在很大程度上增加了难度。

在不久的将来，人工智能在客户服务中的使用率可能会增加，根据 IDC 的报告显示：2020 年，40% 的数字化转型计划将使用人工智能服务，到 2021 年，75% 的企业应用程序也将实现数字化转型。

第6章 AI 与客户关系管理（CRM）

针对客户的精准服务营销，一直是企业的核心任务。5G 时代复杂多变的业务场景，必然带来用户需求的差异化，依靠传统的方法和单一的数据源，已经很难挖掘和把握用户稍纵即逝的服务触点，在传统的客户关系管理（CRM）系统中引入 AI 能力，通过 AI 技术深度挖掘用户需求，以差异化和个性化的服务内容增强用户黏性，提升用户感知，已成为企业统一的共识。AI 技术可广泛应用于客户服务营销的各个场景和触点，如客户服务营销标签建立、客户投诉文本处理、用户智能推荐和用户服务效率提升等。

本章通过大量具体的实际应用场景，以深入浅出的方式，为读者提供了将 BERT、人脸识别、人体属性识别、多源多维用户画像、OCR 识别和语音识别等 AI 技术应用于客户关系管理中的翔实案例。读者完全可以将本章内容作为后续学习和工作中相同或相类似业务需求的问题解决参考工具。

6.1 5G 需求差异化与服务精准化

1. 运营商业务收入下滑迫切需要业务多元化

2019 年前三季度，三大运营商收入同比进一步下滑。其中，中国移动前三季度运营收入为人民币 5667 亿元，同比下降 0.2%；中国电信前三季度经营收入为人民币 2828.26 亿元，同比下降 0.8%；中国联通前三季度服务收入为人民币 1985.32 亿元，同比下降 0.7%。虽然下滑程度并不大，但是三者营收同时下滑的现象实属罕见。

主要是以下几个原因造成了运营商收入的整体下降。

一是 5G 建设成本投资。按照网上的公开资料显示，截至 2019 年前三季度，三大运营商 5G 的成本投入成本分别为：中国移动预计投入 240 亿元，在全国建设 5 万个基站；中国联通预计投入 80 亿元建设 4 万个基站；中国电信大约投资 90 亿元，年底前建设 4 万个基站。由于三大运营商 5G 建设的成本属于短期内的大规模投入，因此造成了企业营业收入出现小幅下滑。

二是提速降费政策的持续影响。自 2015 年以来，运营商的整体运营收入一直受到国家提速降费调控政策的影响，2019 年的《政府工作报告》中明确提出了，中小企业宽带平均资费再降低 15%，移动网络流量平均资费再降低 20% 以上。这对于目前主要依靠流量收入的运营商来讲，其影响更是持续而深远的。

三是通信市场容量进一步饱和，人口红利基本消失。持续加剧的市场竞争加剧进一步压缩利润空间。包括来自三大运营商内部的竞争，以及来自互联网厂商和虚拟运营商的强力竞争。激烈的竞争倒逼运营商进一步增大存量用户的成本投入，压缩利润空间。

运营商收入的下降，除上述分析的 3 点之外，还有一个重要的原因是运营商收入结构的不合理性，缺失新的收入增长点。根据三大运营商前三季度财报，中国移动前三季度营业收入 5667 亿元，通信服务收入 5130 亿元，占比 90.5%；中国电信前三季度营业收入 2828.26 亿元，通信服务收入 2714.84 亿元，占比更是达到 96%。运营商迫切需要通过业务的多元化改善收入结构，提升企业利润。

2. 业务多元化带来服务需求差异化

5G 的发展将为运营商带来更加多元的业务生态，eMBB、mMTC、uRLLC 三大业务场景催生了诸如超高清视频、大型 VR 直播、无人驾驶、智能家居等大量的业务形态，这些业务形态的出现和成熟，将为运营商带来更加多元的商业模式，对于改善运营商收入结构，拉动新的收入增长，有着非常重要的作用。但与此同时，业务的多元化也带来了用户对运营商的更加明显的差异化服务需求。

首先，从 C 端用户分析，5G 时代网络的需求将更加弹性化，不同用户、不同场景、不同时段网络的需求都存在较大差异。这对包括运营商的网络在内的产品和服务需求，比如网络连接速率、网络时延等，都提出了更加差异化的客观需求。

其次，从 B 端客户分析，5G 发展初期，客户群体将以行业和聚类用户为主体，运营商需要根据不同的业务特征，为用户提供个性化的服务。随着物联网、自动驾驶、虚拟现实、云计算等应用的层出不穷，其对数据传输速率、流量密度、时延、功耗等通信指标有着各自特殊的要求。运营商需要结合大数据、云计算、内容缓存等技术提升自身的服务能力，以用户为中心提供个性化的服务支撑能力。

3. 产品趋同化与客户服务需求差异化的矛盾

虽然 5G 给运营商带来了新的业务增长机会和产业发展机遇，但从总体上看，三大运营商的产品还是趋于同质化，差异不大。因此对用户服务能力的差异，必将成为 5G 时代运营商赢得用户、赢得市场的重要策略和手段。而与此同时，用户的服务需求差异化更加明显，依靠传统的方法和单一的数据源，已经很难挖掘和把握用户稍纵即逝的服务触点，必须引入人工智能能力，通过 AI 技术深度挖掘用户需求，以差异化和个性化的服务内容增强用户黏性，提升用户感知。

6.2 CRM 概述

6.2.1 CRM基本概念

客户关系管理（Customer Relationship Management，CRM）的概念由 Gartner Group Inc 公司在 1999 年提出。客户关系管理是指企业为提高核心竞争力，利用相应的信息技术以及互联网技术协调企业与顾客间在销售、营销和服务上的交互，从而提升其管理方式，向客户提供创新式的个性化的客户交互和服务的过程。其最终目标是吸引新客户、保留老客户以及将已有客户转为忠实客户，增加市场。

最早提出该概念的 Gartner Group 认为，从本质上讲，CRM 是一种新的运作模式，它源于"以客户为中心"的新型商业模式，是一种旨在改善企业与客户关系的新型管理机制。是一项企业经营战略，企业据此赢得客户，并且留住客户，让客户满意。通过技术手段增强客户关系，并进而创造价值，最终提高利润增长的上限和底线，是客户关系管理的焦点问题。CRM 系统是否能够真正发挥其应用的功效，还取决于企业是否真正理解了"以客户为中心"的 CRM 理念，这一理念是否贯彻到了企业的业务流程中，是否真正提高了用户满意度等。

CRM 的实施目标就是通过全面提升企业业务流程的管理来降低企业成本，通过提供更快速和周到的优质服务来吸引和保持更多的客户。作为一种新型管理机制，CRM 极大地改善了企业与客户之间的关系，实施于企业的市场营销、销售、服务与技术支持等与客户相关的领域。

CRM 的价值可体现在如下几个方面：

- ✓ 提高市场营销效果。
- ✓ 为产品研发提供决策支持。
- ✓ 为企业获取用户、跟进用户和服务客户提供技术支持。
- ✓ 为企业的内部管理提供决策支持。
- ✓ 驱动企业资源合理利用。
- ✓ 优化企业业务流程。
- ✓ 提高企业的快速响应和应变能力。
- ✓ 改善企业服务，提高客户满意度。
- ✓ 提高企业销售收入。
- ✓ 推动企业文化变革。

6.2.2　AI注智客户差异化服务营销

用户是业务体验的主体，5G 多样化的业务服务必须"以用户为中心"，要更加注重个性化服务和用户体验。5G 时代 CRM 系统的服务范围，将从单一数据传输服务到提供计算、存储和通信的联合服务。通过"AI+"注智于客户服务，真正实现千人千面，一客一策，为用户提供更好的个性化服务，提升用户服务体验。

- ✓ **通过AI技术，实现客户精准画像。** 准确了解和挖掘客户的需求，是真正做好客户服务的首要前提和重要基础。为了精准挖掘客户需求，不仅需要多源的数据支持，还需要借助人工智能的算法。通过多源化的数据，了解用户行为现状，比如用户的渠道习惯、用户的终端喜好、用户的流量上网行为等，增加客户精准画像的维度和指标。通过人工智能和机器学习模型的训练，通过深度的数据挖掘，洞察用户服务需求和服务偏好，为用户建立一套可供运营商进行精准营销和服务的标签和画像体系。

✓ **通过AI技术，实现客户精准营销。** AI技术不仅可以帮助运营商建立用户的行为和偏好标签，以及精准的用户画像体系，同时也可以直接应用于对用户的服务营销的过程中。其中一个典型的业务场景就是，运营商在营业厅中基于人脸识别技术以及用户CRM营销标签的实时精准营销。运营商利用营业厅的摄像头，采集包括用户人脸的视频内容，并通过对视频内容的处理，提取用户人脸特征。最后通过人脸特征与用户身份证照片信息的对比，实时识别用户，并结合已经提前存储于CRM系统中的用户服务营销标签，对用户进行实时的针对性的精准服务营销，在精准服务营销的同时，提升用户的服务感知体验。

✓ **通过AI技术，实现客户精心服务。** 此外，AI技术还可以应用于用户服务的其他场景，实现对客户的精心服务，改善服务感知，提升服务效率。近年来，国内运营商一直在积极探索AI能力如何赋能于客户服务领域。比如电信诈骗电话识别、客户投诉工单高效处理等一些典型的应用场景。其中，基于对投诉文本的自然语言处理，快速解决用户投诉问题，提升用户服务感知，是一个典型的AI注智于客户服务的业务场景。通过对客户投诉工单的自然语言处理，识别用户投诉内容、用户投诉情绪，发掘业务线索，提高运营商对用户的服务能力。

6.3 应用于 CRM 中的 AI 技术

6.3.1 BERT技术在客服NLP中的应用

1. BERT 预训练模型介绍

对用户投诉内容的及时处理和反馈，是运营商用户服务的主要工作内容之一，对于改善用户服务感知、发掘业务机会有着重要意义。但面对越来越多的客户投诉工单，仅仅依靠传统的依靠客服人员手动处理的方式，不仅需要投入大量的人力资源，增加运营商的成本支出，同时也面临着处理效率不高，无法及时对客户做出反馈，问题解决延迟，引发客户投诉升级等一系列的现实问题。因此，在处理用户投诉文本的过程中，引入 AI 能力，通过人工智能的 NLP（自然语言处理）技术，快速精准处理用户投诉文本，对于提升问题处理效率，改善用户服务感知，有着非常重要的作用。

BERT（Bidirectional Encoder Representation from Transformers）技术是 2018 年兴起并快速横扫 NLP 领域的热门深度学习技术。2019 年，ALBERT 模型在标准斯坦福阅读理解（问答）数据库下测试，性能已远超人类。如表 6-1 所示。

表 6-1 2019 年 BERT 在 NLP 领域热度

排 名	模 型	EM	F1
	Human Performance Stanford University （Rajpurkar & Jia et al.'18）	86.831	89.452
1 Nov 08.2018	BERT（single model） Google AI Language	80.005	83.061
1 Nov 16.2018	Candi-Net + BERT（single model） 42Maru NLP Team	80.106	82.862
2 Nov 09.2018	L6Net + BERT（single model） Layer 6 AI	79.181	82.259
3 Nov 06.2018	SLQA + BERT（single model） Alibaba DAMO NLP	77.003	80.209
4 Nov 08.2018	BERT_base_aug（ensemble） Gammalab	76.721	79.611
5 Nov 05.2018	MIR-MRC（F-Net）（single model） Kangwon National University，Natural Language Processing Lab.& ForceWin，KP Lab.	74.791	77.988

本质上讲，BERT 是一种新的 NLP 范式——使用大规模文本语料库进行预训练，然后使用特定任务的小数据集进行微调。这种新范式使得研究人员能够专注于特定任务。适用于各种任务的通用端到端训练模型，降低了每个 NLP 任务的难度，从而加快了创新步伐。

为了方便大家理解，这里略去了大量的对 BERT 模型技术原理的复杂而烦

琐的介绍,对其技术原理做了一个简化的理解,BERT 模型的网络架构图如图 6-1
所示。BERT 可以简单地理解成两段式的 NLP 模型:第一阶段 Pre-training,即
预训练,利用没有任何标记的语料训练一个模型;第二阶段 Fine-tuning,即微调,
利用现有的训练好的模型,根据不同的任务,输入不同,修改输出的部分,即
可完成下游的一些任务,如下所示。

✓ **序列标注**:文本分词、命名实体识别、语义标注等。

✓ **分类任务**:文本分类、情感分析等。

✓ **句子关系**:自动问答、推理、相似度计算等。

✓ **文本生成**:机器翻译、文本摘要等。

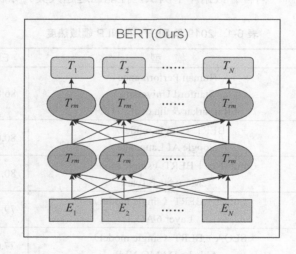

图 6-1　BERT 模型的网络架构图

在对用户投诉工单进行智能分类的应用中,可以通过 BERT 模型对大量的
投诉文本工单语料库进行大规模的模型预训练,训练出一个能够性能强大、可
以很好覆盖投诉工单中大部分投诉内容的词向量,在获得使用 BERT 词向量后,
最终在处理新的投诉工单文本时,只需在词向量上加简单的 MLP(多层感知机)
或线性分类器即可。

2. BERT 预训练模型在客服投诉工单智能分析中的应用

L 公司是某省无论用户数,还是收入量都占据市场领先地位的运营商。尽
管市场领先,但每天仍面临着大量的用户投诉,投诉的内容涵盖了网络、资费、

终端、服务等大类下的各种问题，这些投诉问题，既体现了客户对 L 公司的不满和诉求，也蕴含了大量的业务机会。客服人员每天面对的大量重复的工作，就是将这些五花八门的客户投诉工单归类到不同的业务领域，进而推送至不同的业务部门进行处理，并将处理结果反馈给投诉用户。但在对用户投诉的处理上却面临着如下几个问题：

一是客服部门面临着越来越多的客户投诉和咨询，客服人员处理压力日益增大，无法全部及时进行有效处理，易引发用户的二次投诉或升级投诉。

二是客户投诉信息中含有丰富信息和新的业务线索，需要深入挖掘，进一步了解用户需求，但客服人员疲于应付投诉工单中的问题反馈，无法及时分析和深入挖掘用户需求。

三是投诉数据为非结构化的文本数据，需要客服人员投入大量的时间去阅读、记录、整理和人工归类，为快速、准确进行投诉问题工单分类、责任归口带来极大挑战。

针对上述问题，L 公司引入 AI 能力，通过人工智能的 NLP 技术，辅助客服部门提升投诉工单处理效率，降低成本。真正通过 AI 技术的引入，达成降本增效的发展目标。

3. 总体思路

对有标签的投诉文本工单进行离线模型训练，得到投诉文本智能分类模型，然后对新的投诉文本工单进行在线模型预测，输出分类标签并在应用中修正模型，最终达到修正已有标签、识别新工单标签的目的。投诉工单智能分类的总体流程如图 6-2 所示。

（1）工单分类

利用 NLP 将投诉文本进行分词、关键词提取处理后，识别出用户投诉的问题实体内容，并结合已经通过业务知识梳理出的投诉归类知识，将用户投诉文本工单中的问题内容，归类到不同的业务属性下。

（2）投诉原因分析

除了对投诉内容进行分类之外，还可以通过 NLP 技术对用户投诉的具体原因进行精准分析和定位，以获得比用户投诉工单业务分类更加具体和细节的投诉信息内容，为客户投诉问题的解决提供更加翔实的数据材料支撑。

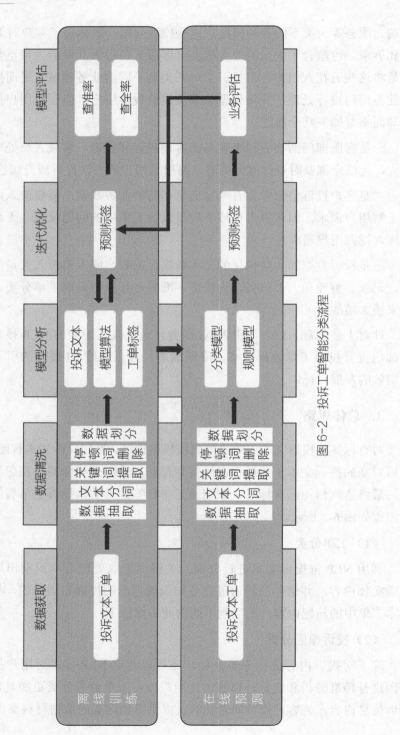

图 6-2 投诉工单智能分类流程

（3）应用效果

L 公司在模型的建设过程中，为了对比并选择最优的分类模型，采用了 6 种深度学习模型进行效果对比。从最后效果看，文本分类模型的查全率和查准率全部达到 85% 以上，有力地支撑了业务部门的 AI 注智诉求。如表 6-2 所示。

表 6-2   工单投诉文本智能分类效果

算法类型	参数规模	训练数据量	训练耗时（小时）	测试数据量	查准率	查全率	F1 值
CNN	227.9 万	14.3 万	0.24	8797	85.7%	86.7%	86.2%
BLSTM	295.9 万	14.3 万	1.24	8797	84.1%	86.5%	85.3%
CNNLSTM	227.1 万	14.3 万	0.25	8797	82.4%	84.8%	83.6%
BERT-CNN	1.0218 亿	14.3 万	37.5	8797	83.5%	89.4%	86.4%
BERT-BLSTM	1.0380 亿	14.3 万	72.4	8797	83.3%	92.1%	87.5%
BERT-CNNLSTM	1.0181 亿	14.3 万	62.5	8797	83.3%	90.8%	86.9%

6.3.2   基于用户单侧通话记录检测的诈骗电话识别

1. 基于用户单侧通话记录检测的诈骗电话识别算法介绍

近年来，我国的电信诈骗案件每年以超过 20% 的速度增长，仅 2019 年上半年，公安机关破获的电信案件就达到 5.8 万起。这些案件具有犯罪组织严密、技术手段先进、诈骗"剧本"丰富等特点。电信诈骗业已升级为社会安全问题，严重威胁了人民群众的财产安全，扰乱了社会秩序。因此，如何在电信欺诈发生时提前识别出诈骗电话号码、及时预警，成为了一个亟待解决的技术难题。同时，由于通信记录涉及个人隐私安全，在维护用户的通信安全时保护用户隐私也至关重要。

按照识别的业务实现手段，识别诈骗电话号码的方法主要有两种。

第一种方法是众标模式。这种方法需要在用户的手机端安装可联网的 App，在和未知号码通话后，如果用户认为该号码存在诈骗嫌疑，可将其标记为"诈骗"并上传至数据中心，数据中心根据用户的标记情况来判断该号码是否为诈骗。比如，如果一个号码被用户标记为诈骗的次数大于一个阈值，该号码就认为是诈骗号码。当该号码再次出现时，数据中心就会警示用户提防该号码。

但是，众标模式最大的一个问题就是，在用户标记基数很大时效果较好，而当被标记数量较少时，准确度受到很大影响。因为众标模式需要诈骗号码对多个号码进行了欺诈行为或疑似欺诈行为并被标记。如果诈骗号码诈骗次数较少，则该号码将不会被认为是诈骗号码。一般来说，诈骗号码在诈骗成功后不久就会被弃用，以至于该号码即使事后被标记了也已经无济于事。而目前所使用的基于大数据的机器学习方法虽然不需要用户再次标记，但也需要诈骗号码进行了多次诈骗行为才能分析出它的通话模式，进而通过机器学习模型判断出是否为诈骗号码。在缺乏和多个号码的通话数据时，目前的方法无法识别出一个号码是否为诈骗号码。

第二种方法是利用 AI 和大数据分析技术来识别出诈骗号码。目前，通信运营商和大型互联网公司已经积累了大量诈骗号码的信息，包括它们的归属地、通话频率、通话时段等，这些诈骗号码存在一定的行为模式，比如通话频率较高并且多数是和外地号码通话。利用机器学习技术，如贝叶斯分类器、决策树、神经网络等，可以将诈骗号码的行为模式识别出来。当一个号码符合特定的行为模式时，机器学习模型就会将它标记为诈骗号码并警示用户。这种方法在机器学习模型构建好后，无须用户再次标记。也就是说，缺乏标记的诈骗号码也能够被识别出来。

但是这种方法也有一个问题极难解决，就是我们需要通过对大量诈骗电话的行为进行分析和模式挖掘。但是由于竞争因素和受数据隐私保护的限制，电信运营商之间的数据是隔离的。不仅如此，同一个运营商不同地区之间的数据也不是互通的。因此，如果诈骗通话发生在不同运营商之间，或者发生在同一个运营商不同地区之间，诈骗号码的通话数据往往难以获得，诈骗号码的识别也会更加困难。

基于上述两种方法的局限，提出识别诈骗电话的第三种解决思路，即通过用户侧的数据挖掘，实现对诈骗电话号码的识别。这种方法要解决的问题，就是在缺乏对端号码的通话数据时，也能判断出该对端号码是否为诈骗号码。克服了第二种方法需要基于对端号码通话行为的分析诈骗电话样本数据不易获得的技术难题。

该方法使用用户的历史通话记录来构建机器学习模型。用户的历史通话记录用于构建该用户的通话白名单、用户通话画像、用户当天通话行为以及和该对端号码的通话行为。这四部分内容作为机器学习模型的输入，模型输出该对端号码是否为诈骗号码。

该方法的整体流程如图 6-3 所示。

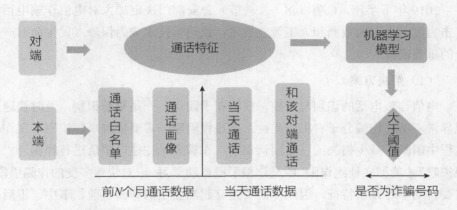

图 6-3　基于用户侧通话行为的电信诈骗电话识别流程

当用户和对端号码通话时，可以得到 4 个维度的数据：

一是通过对用户历史通话的统计分析可以得到该用户的通话白名单数据。

二是该用户长期通话习惯形成的通话画像数据。

三是用户当天截至当前该用户的通话行为数据。

四是和该对端（其中包括一部分已经被公安机关明确确认的诈骗电话）的通话数据，包括主被叫、通话时间、是否处在白名单中等。

这 4 个方面的数据共同构成该次通话特征输入到机器学习模型中，机器学习模型通过 CatBoost、XGBoost、Random Forest、DNN 和 CNN 等技术手段，输出该对端为诈骗号码的概率。最后通过和指定阈值比较，判断出该对端是否为诈骗号码。

该方法由于解决思路是基于用户侧通话记录识别，因此无须获得对端号码与其他号码的通话数据；并且诈骗号码在首次诈骗时就可以将其识别（不需要积累诈骗电话的行为特征数据）；同时对端号码不做限制，可以识别任意的对端号码；无须和不同数据拥有方交换数据，有效保护了用户的隐私。

2. 基于用户单侧通话记录检测的诈骗电话识别的应用案例

电信诈骗电话严重威胁人民群众的财产安全，扰乱了社会秩序，是 2019 年公安部下大力整顿的重点。但目前的诈骗电话具有蔓延发展迅速、手段翻新层出不穷、组织严密团伙作案、跨国跨境诈骗等特征，为电信诈骗电话的识别打击、电信诈骗电话案件的侦办，带来了极大的难度。

2019 年下半年，C 省（区 / 直辖市）公安部门决定加大对电信诈骗电话的打击力度，引入大数据和人工智能技术，让科学技术成为保障人民生命财产安全的重要武器。

（1）解决方案

电信诈骗电话的识别与防控，核心在于四点：一是事前识别：及时快速发现异常，不让诈骗分子有机可乘；二是过程阻断：需要依赖事件识别，在诈骗过程中阻断，减少损失；三是团伙识别：诈骗分子往往以团伙进行诈骗，"连根拔起"才能彻底杜绝诈骗；四是诈骗手段自动学习：应对快速多变的诈骗手段，需要自动学习诈骗特征。因此，需要建立起涵盖电信诈骗事前、事中、事后全流程的诈骗电话识别与防控体系，彻底打击电信诈骗。诈骗电话的识别流程如图 6-4 所示。

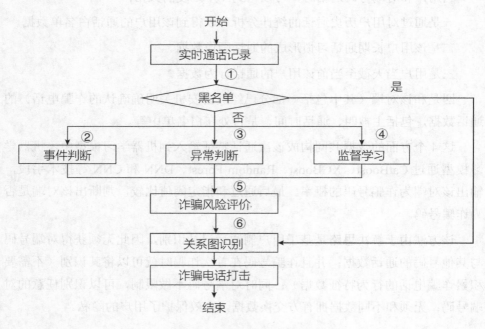

图 6-4　诈骗电话的识别流程

①建立诈骗电话黑名单库：通过标识历史诈骗号码、12321 被投诉诈骗号码等，建立起和诈骗电话相关的电话号黑名单、身份信息黑名单、终端 mac 黑名单、URL 黑名单，并通过定期或实时更新，形成黑名单库。

②建立诈骗事件判断模型：对历史报案被诈骗的用户，分析其诈骗前、诈骗过程中的行为特征，包括通话行为、上网内容、对端号码行为等特征，并进行量化，形成诈骗事件判断模型。

③号码异常行为识别：分析号码开卡使用、通话主被叫占比次数趋势、通话位置等数据，通过机器学习模型，识别号码异常行为。

④历史电话诈骗行为监督学习：基于历史已识别被诈骗用户的通信行为数据，通过监督学习的机器学习模型，挖掘其被诈骗前的行为特征，以及对端通信号码的行为特征，建立起用来预测号码是否为疑似诈骗电话的识别模型。

⑤诈骗风险评估：综合不同诈骗识别模型的识别结果，客观制定权重，输出综合评价风险值。

⑥基于关系图的诈骗团伙识别：针对历史上已被确认的电信诈骗电话号码，通过通话圈，识别其圈子，并根据位置信息，识别可能存在的诈骗实施团体。

（2）应用效果

整体看，基于事件判断、异常判断和监督学习建立起来的诈骗电话识别与防控模型，在 C 省（区 / 直辖市）取得了令人满意的成果，通过对历史诈骗电话的识别情况看，达到了较高的模型识别准确度。

其中，基于机器学习建立的诈骗识别模型，通过 6 个月的历史数据验证，模型的查准率和查全率分别达到 60% 和 58%，实施后将有效打击发生在该省的电信诈骗电话犯罪行为。

6.3.3　应用于用户差异化营销中的人脸识别应用技术

人脸识别是 AI 技术的一种典型应用。人脸识别，是基于人的脸部特征信息进行身份识别的一种生物识别技术。用摄像机或摄像头采集含有人脸的图像或视频流，并自动在图像中检测和跟踪人脸，进而对检测到的人脸进行脸部识别的一系列相关技术，通常也叫作人像识别、面部识别。

人脸识别技术目前已广泛应用于金融、司法、国防、公安、边检、政府、航天、电力、工厂、教育、医疗等众多业务领域。本小节主要介绍人脸识别技术用在运营商的营业厅中，运营商通过人脸识别技术，结合用户的 CRM 标签体系，对用户进行精准营销的案例。图 6-5 是具体的业务流程。

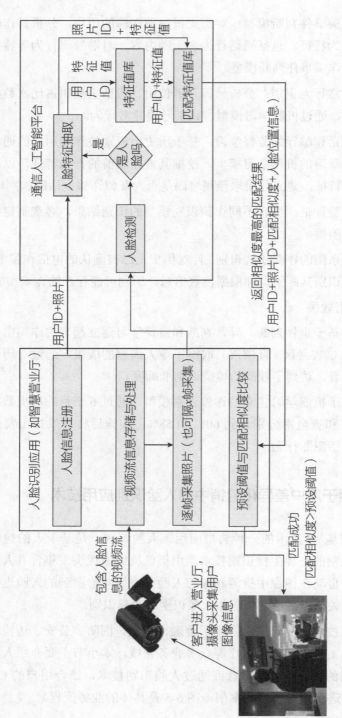

图 6-5 应用于智慧营业厅的人脸识别流程

人脸识别在智慧营业厅场景中的应用，主要分为如下 3 个关键步骤。

（1）用户人脸注册。用户注册的人脸信息，主要是用来与营业厅现场摄像头采集的人脸信息进行比对用的。这一步骤通常是在用户离线情况下完成的，用户在进行实名认证或者办理其他业务时，运营商通常会要求用户提供相应的身份证信息，在办理业务的同时，也实现了对用户身份证照片信息的采集，并通过离线的人脸识别模型，完成用户身份证照片的人脸特征提取，并将用户人脸特征信息保存到特征库中，如图 6-6 所示。

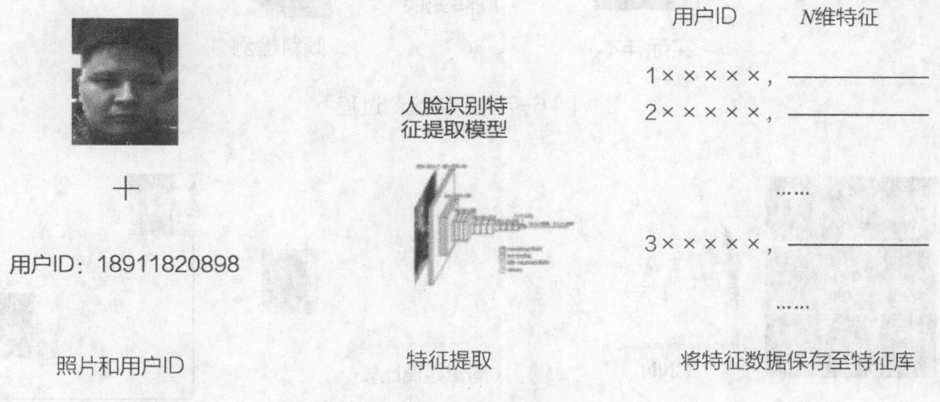

图 6-6　人脸注册过程

（2）现场人脸检测。这一环节是人脸识别的重要环节。营业厅的摄像头在用户进入营业厅时，在客户无感知的情况下，对用户进行包含人脸信息在内的视频采集，并通过将摄像头采集的视频逐帧分析，可同时对多个目标进行检测和追踪，在追踪过程中判断人脸的位置、大小和表情，同时结合光照条件、遮挡、成像条件等返回一张清晰度、人脸质量最高的一张图片，如图 6-7 所示。

（3）人脸特征匹配。这一环节主要通过对比现场采集和提取的用户人脸特征与特征库中已经存储的用户人脸特征，通过人脸识别的算法来判断进入营业厅的用户是否为已经在运营商的 CRM 系统中已经注册的用户，并返回匹配结果到营业厅前台服务营销人员的工作前端，如图 6-8 所示。

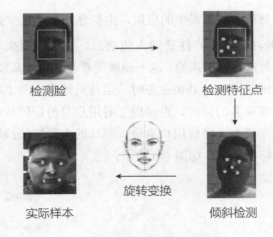

检测脸　　　　　　　　　检测特征点

旋转变换

实际样本　　　　　　　　　倾斜检测

图 6-7　人脸检测过程

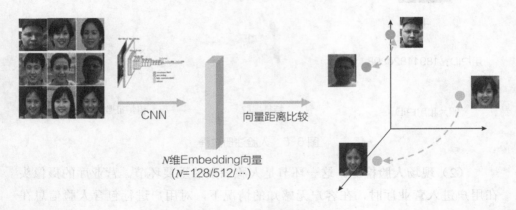

CNN　　　　向量距离比较

N维Embedding向量
(N=128/512/…)

图 6-8　人脸特征匹配过程

在实际的服务营销过程中，运营商的智慧营业厅系统，会结合存储于 CRM 系统中的用户画像体系，将适合推荐给用户的服务营销内容，推送到营业厅服务前端，服务营销人员根据系统提示，为用户提供差异化和个性化的服务营销内容。

6.3.4　应用于户外广告屏的人体属性识别技术

科学合理地定位目标客户，分析客户画像属性，是进行客户精准营销的重要前提。在户外广告的投放场景中，由于无法通过传统的基于用户标签和画像的方式进行客户属性分析，采用基于人体属性识别的技术识别用户的形象特征、衣着服饰特征等外在特征，并以此为基础对客户进行基础画像，对于户外广告的精准投放有着重要的价值。

　　人体属性识别技术是视频监控领域的一个新兴研究课题，因其在视频监控应用中的巨大潜力而受到广泛关注。人体属性识别主要是从视频流中，识别出人体的性别、年龄、上衣、下衣、裙子裤子等服装的风格，以及人体是否佩戴帽子、眼镜、围巾，是否有背包、携带物品等。如图 6-9 所示，识别出图片中人物的性别、年龄、服饰等信息。

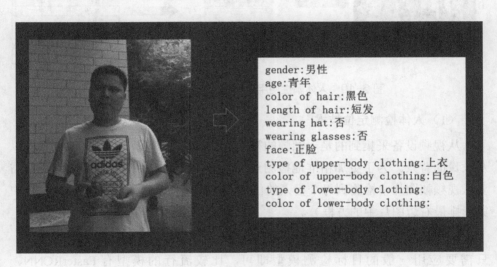

图 6-9　人体属性识别示例

　　人体属性识别技术主要应用于较远距离，无法得到人体清晰图像的场景，比如广场、工地、公园等。在这些场景中，受到光线、角度、姿态、距离的影响，往往无法得到人物的清晰正脸图像，只能得到整体的人体图像。但是，经过科技工作者们的不懈努力，能从这些图像中，识别出人物的一些特征，比如：服装服饰特点、危险违规行人的识别、工地佩戴安全帽、公共场所是否配置口罩等。目前，广泛应用于安防、刑事侦查、广告精准投放和商业零售市场的分析和研究。

　　本小节主要介绍人体属性识别技术在户外广告屏的应用。在商场周边安装摄像头，采集到视频流图像，对视频流中人体属性的分析得到人群的消费行为，将商家等各个方面的信息纳入推荐系统中，得到附近的广告位投放方案，具体的业务流程如图 6-10 所示，其中涉及几个关键的技术。

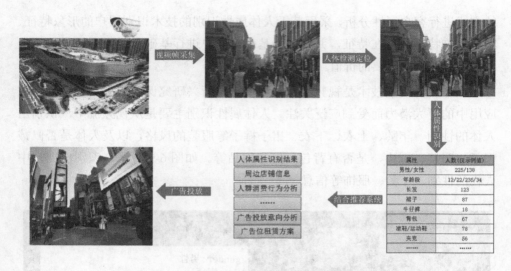

图 6-10　人体属性使用应用于广告位投放业务流程

（1）人体检测定位技术

从视频设备采集到的是一帧帧的视频流图片，每帧图片中包含多位行人以及大量的背景。为了更加精准地检测到人体的各个属性，减少背景的影响，需要从视频帧图片中检测到每个行人的位置，并截取各个行人的图片（图 6-10 中第一排最右边图片中的方框）。

人体检测定位技术就是应用一个目标检测模型，检测出图片中的行人。只需要应用一般的目标检测模型即可，比较流行的模型有 FasterRCNN、MaskRCNN、YOLO、SSD 等。这些模型各有特点和优势，需要根据具体的业务需要选择。

（2）人体属性识别技术

人体属性识别模型就是识别出人体的各个属性和服饰特点，比如：性别、年龄、牛仔裤、T 恤、裙子等。输入该模型的图片是经过人体检测模型处理后的，仅仅包含一个人体的图片，通过对各个行人的属性识别，再将全部识别结果进行汇总，得到各个属性的统计结果，比如：得到男性女性以及各个年龄段的人数，穿裙子、T 恤、牛仔裤的人数。可以分析这些数据，分析附近人群的消费习惯，用于广告位投放。

人体属性识别目前主要有两种解决方案：一种是将人体的各个部分截取出来，分别进行分析；另一种是将人体的整体图片直接分析各个属性。各部分分析就是首先分析出人体的各个部位，再将各个部分的图片截取出来分别分析该部分的特征，比如：将人体的头发部分截取出来，分析该人是长发还是短发，如图 6-11 所示。

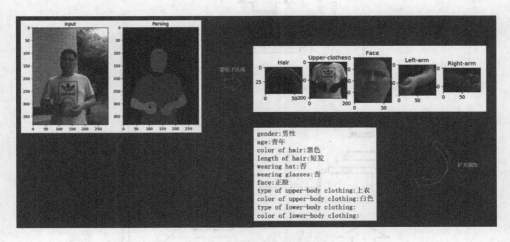

图 6-11　人体属性各部分分析示意图

另一种人体属性识别方案是直接使用整个图像识别人体属性，将整个图片输入模型中，得到各个属性的取值。目前，业界的研究主要围绕的是该方案，因为该方案不需要将各个身体部位裁剪开，降低了累积误差。目前也提出了多种其他模型方案，图 6-12 所示为 2019 年发表的一篇论文 *Improving Pedestrian Attribute Recognition With Weakly-SupervisedMulti-ScaleAttribute-SpecificLocalization* 中提出的模型结构，图中的输入为一个人体的图片，将不同层次的特征联合后输入到多个 Attribute Localization Module 模块，这些模块会进行特定属性的定位和区域特征学习。不同分支的输出经过训练后，通过元素最大化运算进行推理聚合。最终的输出就是各个属性的概率，图中的 M 为属性个数。综合各个模型的表现，这里建议使用整个图像识别人体属性的方案。

（3）结合推荐系统

前面已经得到该广场附近人群的人体属性的统计信息，还需要结合附近的店铺信息，人群的消费行为分析，附近商家的广告投放意向分析，得到一个切实可行的广告位租赁方案。将广告位租赁方案与各个意向商家洽谈，最终形成广告位租赁合约，使得有效利用商场附近的广告位，商家和店铺双赢。

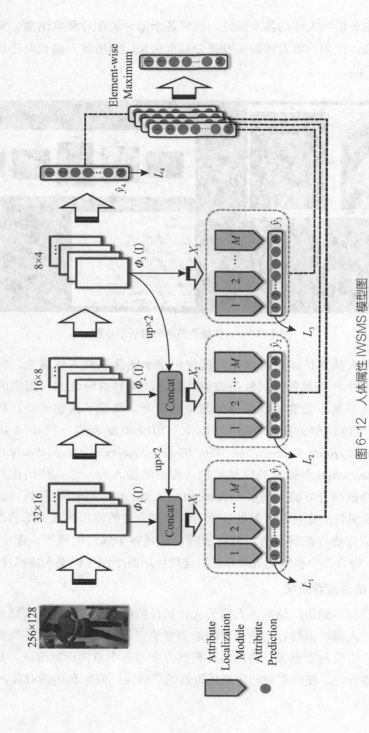

图 6-12 人体属性 IWSMS 模型图

6.3.5　MPMD加权回归方法在客户画像中的应用实现

1．运营商重点客户画像概述

在移动互联网时代，随着新技术的不断涌现，使通信领域的各企业面临的市场竞争愈加激烈，迫切需要建立基于用户的需求与习惯变化的智慧服务系统。通过对电信大数据进行分析，针对提高智慧服务精准性的目的，建立用户精准画像，尤其是高价值的重点客户画像，对于运营商的服务营销有着重要价值。

用户画像是指单个用户所有信息标签的集合，即通过手机与分析用户的人口属性、社会交往、行为偏好等主要信息，将用户的所有标签综合起来，勾勒出该用户的整体特征与轮廓，如用户年龄、性别、基站信息、常驻区域信息、用户移动号码持有数目、用户交往圈、用户偏好信息等多维度关联分析，形成用户综合特征画像，智慧服务、营销等方案可根据需求进行目标用户选择，细分用户群体，给出合理化建议，为方案决策提供依据。

用户画像数据综合运营商的B域用户信息、O域网络信息等，通过数据构建、采集、清洗、存储、挖掘、分析，给出细分类别，得到用户画像，为其他方案提供依据。开展大数据分析，必须有海量的数据，网络侧 OSS 域有综合网管、网优平台（核心网、无线）、网络采集数据，再加上 BSS 侧的营账系统、经分系统和话单库等海量信息，足以满足大数据挖掘和分析的需求。

重点客户智慧画像整体解决方案如图 6-13 所示。

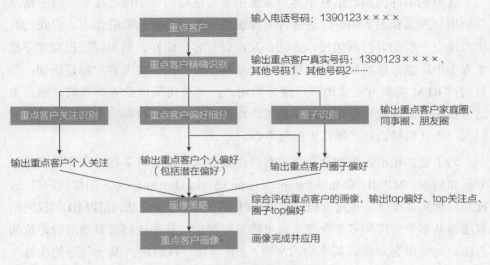

图 6-13　智慧画像整体解决方案

客户精确画像包含重点客户精确识别、圈子识别、重点客户偏好细分、重点客户关注识别 4 部分关键工作。

其中，重点客户准确识别可识别出客户所有号码和用户。目的在于将同一客户用于不同场景的不同手机号码关联起来，通过对同一用户不同号码网络行为的分析，形成一个多维度刻画用户网络行为的基础数据。

客户偏好细分，根据网络数据挖掘出用户收藏偏好、军事偏好、影视偏好、旅游偏好、运动健身偏好、文艺偏好、理财偏好、阅读偏好、时政偏好等信息，为后续针对客户的精准营销提供基础的标签工具。

客户关注识别，主要用来识别重点客户的关注点，包括健康关注和生活关注等，作为辅助进行用户精准画像的又一重要维度。

圈子识别及偏好，识别重点客户的家庭圈、同事圈、朋友圈，并细分不同圈子的偏好，基于话单数据、位置数据，综合评估与其亲密度并识别不同圈子，结合偏好模型输出细分其圈子偏好，进而建立起一个以基础用户为核心，针对其圈子进行营销的营销生态。

在精准识别了用户画像的各个维度之后，建立一个可以快速查询用户画像的业务系统，输入重点客户个人偏好、关注点、圈子偏好，综合评估输出最终重点客户画像。

2. MPMD 加权回归方法在客户画像中的应用

客户的偏好识别，是整个客户画像中非常重要的一个核心环节，对于精准分析用户产品和服务偏好，进行针对性服务营销，有着重要的作用。但我们对比市场上一般的客户画像技术方法，发现现有客户偏好识别和偏好程度细分技术方案中，通常包括如下几种技术：一是通过聚类细分实现客户偏好识别；二是通过 RFM 模型方法实现客户偏好识别；三是使用简单业务规则的方法。上述方法中，无论使用哪种方法和技术，均需要人工进行较多的参与，主观影响较大，而且偏好识别准确性也参差不齐。

为了更加精准、更加全面地对客户进行画像，需要从多视角和多维度进行分析和刻画。MPMD（Multi-Perspective and Multi-Dimensional）加权回归算法，就是一种从多维度、多角度构建客户偏好的技术手段和方法。MPMD 加权回归算法指从多个角度和多个维度来对事物进行评价，从而达到对事物准确定位的方法。如使用客户偏好某事物的次数 f（客户在一段时间内某一行为的次数）

和天数 t（客户在一段时间内使用某行为的天数），通过计算加强回归 V，计算每个客户偏好事物的拐点系数，并预留拐点系数的参数，客观划分偏好的程度：始盛期、高峰期、盛末期，在实际应用中，把始盛期拐点作为客户偏好识别的阈值，也可以把加强回归 V 是否大于零作为客户偏好识别的判断标准。

3．MPMD 方法的一般流程

MPMD 方法的一般流程如图 6-14 所示。

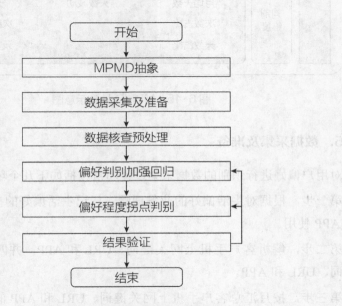

图 6-14　MPMD 方法的一般流程

图 6-14 共分为 MPMD 抽象、数据采集及准备、数据核查预处理、偏好判别加强回归、偏好程度拐点判别、结果验证几个核心的环节。

4．MPMD 抽象

以用户生活偏好标签提炼为例，用户生活需求及特征应该从集中水平、离散程度、相对趋势 3 个维度进行刻画，如果只用其中某一项，都会使结果片面不准确。集中水平指用户对某事物关注的绝对水平；离散程度指用户对某事物关注的波动情况；相对趋势指用户对某事物关注的相对情况。用户绝对水平高、波动情况大、相对情况突出，说明用户对该事物偏好越大。图 6-15 为用户生活偏好标签提炼的 MPMD 抽象示意图。

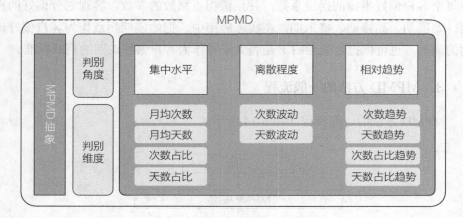

图 6-15　MPMD 抽象示意图

5. 数据采集及准备

对用户偏好进行识别的数据采集过程通常包括如下几个环节。

第一步，根据对生活偏好的业务理解，标记生活偏好的搜索关键词、URL 以及 APP 使用。

第二步，解析客户手机上网关键词、URL 和 APP，并匹配第一步标记的关键词、URL 和 APP。

第三步，按月汇总客户手机上网关键词、URL 和 APP 的次数和天数，形成可以用作分析和建模的数据。

第四步，实现调度，按月更新最新账期数据，支持模型的训练、验证及预测。

6. 数据核查及预处理

主要核查数据的空值和极值问题，对空值通常可采用删除或填补的方式进行处理，对极值则需要结合业务逻辑进行合理的处理。

7. 偏好判别加强回归及拐点判断

针对影响用户偏好的各因子，通过加强回归的方式，综合分析用户偏好的时间周期和频次分布。并通过计算加强回归的拐点系数，细分偏好程度，判别拐点，如用户处于偏好的始盛期、高峰期，还是盛末期。

加强回归公式：

$$V = \text{logistic}(t) + \text{logistic}(f) \tag{6-1}$$

其中：

$$\text{logistic}(x) = \frac{1}{1 + b e^{-cx}} \tag{6-2}$$

拐点系数判断公式：

始盛期：$t = 0 \sim \dfrac{\ln b - 1.317}{c}$　　　　　　　　　　　　　（6-3）

高峰期：$t = \dfrac{\ln b - 1.317}{c} \sim \dfrac{\ln b + 1.317}{c}$　　　　　　　（6-4）

盛末期：$t = \dfrac{\ln b + 1.317}{c} \sim \infty$　　　　　　　　　　　　（6-5）

系数 b 和 c 由加强回归拐点确定，如图 6-16 所示。

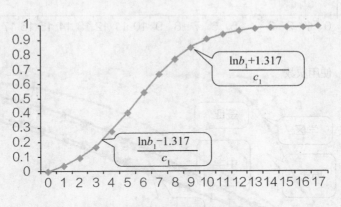

图 6-16　MPMD 加强回归拐点确定

为方便读者理解，我们举一个用户对房产偏好的例子。衡量用户偏好的一个重要数据依据就是用户对房产相关 APP 和互联网内容的关注情况。假设已确定了如下指标衡量用户偏好：

使用天数（$v1$）：客户在一段时间内使用某应用的天数。

使用次数（$v2$）：客户在一段时间内使用某应用的次数。

使用天数（$v3$）：客户在一段时间内使用某应用的波动系数。

使用次数（$v4$）：客户在一段时间内使用某应用的趋势。

使用天数（$v5$）：客户在一段时间内使用某应用的天数占比。

使用次数（$v6$）：客户在一段时间内使用某应用的次数占比。

通过加强回归并结合拐点判断公式得出拐点，并且得出 logistic 曲线 3 个时期的分布，从而计算出某关注的天数得分以及次数得分。天数和次数的回归图如图 6-17 所示。

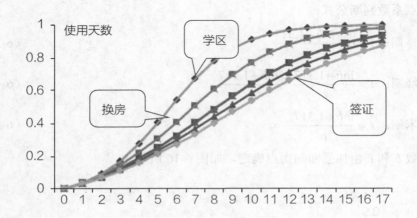

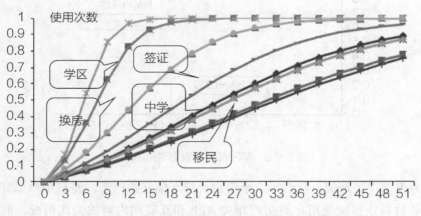

图 6-17　MPMD 加强回归分布（天数和次数示例）

同时还原实际数值，方便业务理解和修正，还原后如图 6-18 和图 6-19 所示（以学区为例）。

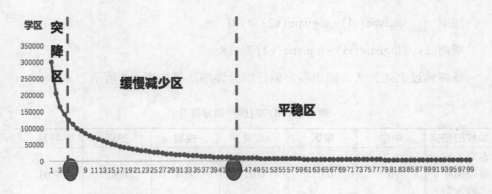

图 6-18　关注学区次数分布（天数和次数示例）

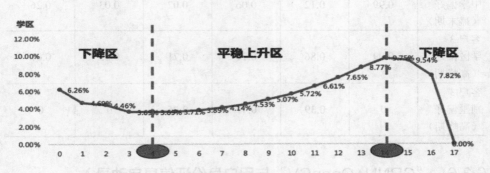

图 6-19　关注学区次数分布（天数和次数示例）

通过拐点判断公式，计算出拐点判断系数，如表 6-3 所示。

表 6-3　用户关注学区拐点系数计算

	天数 左拐点	天数 右拐点	天数函数 中 b 值	天数函数 中 c 值	流量 左拐点	流量 右拐点	流量函数 中 b 值	流量函数 中 c 值
中学	3 天	8 天	18.127	0.527	5 MB	40 MB	4.678	0.075
学区	5 天	14 天	8.980	0.293	5 MB	50 MB	4.449	0.059
别墅	4 天	14 天	8.225	0.263	5 MB	50 MB	4.449	0.059
换房	5 天	14 天	8.980	0.293	5 MB	50 MB	4.449	0.059
移民	3 天	12 天	8.980	0.293	3 MB	40 MB	4.621	0.071
签证	3 天	12 天	8.980	0.293	3 MB	40 MB	4.621	0.071

考虑有极值情况出现，比如天数少、次数特别高、其他正常的情况，天数多、次数高其他正常的情况，一般处理方法分两种，删除或者继续保留。客户偏好判别规则如下（其中极值点阈值可以根据具体业务灵活设定）：

规则一： $\text{logistic}(v1) + \text{logistic}(v2) \geq 1.0$

规则二： $|\text{logistic}(v1) - \text{logistic}(v2)| \geq 0.8$

最终通过上述公式，输出客户偏好细分详细结果如表 6-4 所示。

表 6-4　用户对房产偏好得分

加权回归值	中学	学区	别墅	换房	签证	移民
客户 1 签证偏好 （盛末期）	0	0.07	0.01	0.01	0.82	0.01
客户 2 中学偏好 （盛末期）	0.99	0.12	0.06	0.02	0.03	0.26
客户 3 学区偏好 （高峰期）	0.09	0.86	0.71	0.71	0.25	0.07
客户 3 别墅偏好 （高峰期）	0	0.39	0.47	0.06	0	0

6.3.6　"CRNN+OpenCV" 与用户身份证信息自动录入

身份证信息录入是身份认证的重要一环，这个场景需要解决的问题是：给定一张含身份证的图像，从中提取出关键信息。身份证的信息包括姓名、性别、民族、出生日期、住址、身份证号 7 个字段。一般 OCR 识别包括文本检测和文字识别两部分，在身份证识别的场景中，由于身份证信息比较规则，文字区域比较固定，因此文本检测可以使用传统的图像处理技术。

在真实的场景中，身份证图片可能会有倾斜，需要将身份证区域截取出来并摆正，下面介绍如何使用 OpenCV 实现，操作主要有如下几步：灰度化、二值化、获取区域顶点、旋转，如图 6-20 所示。

这里用到了 OpenCV 里的 cv2.cvtColor、cv2.threshold、cv2.findContours、cv2.minAreaRect、cv2.getRotationMatrix2D 和 cv2.warpAffine 等函数。注意最后一步旋转实际上是进行了一个仿射变换，变换到指定大小的图片。对于固定大小的图片，身份证的文字区域是固定的，因此可以通过截取指定区域把对应的文字块分割出来。

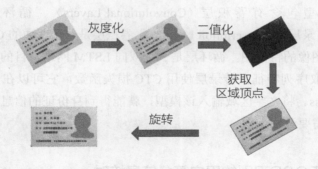

灰度化　　二值化

获取
区域顶点

旋转

图 6-20　身份证校正流程

主流的文字识别模型是 CRNN（CNN+RNN+CTC）或者"CNN+Seq2Seq+Attention"，可以识别不定长的文字内容，这里使用 CRNN 作为示例。CRNN 模型的结构如图 6-21 所示。

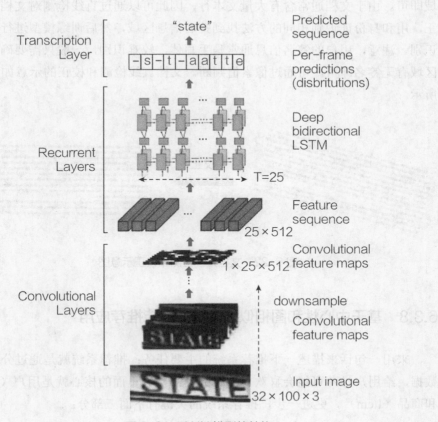

图 6-21　CNN 模型的结构

CNN 模型包含有卷积层（Convolutional Layers）、循环层（Recurrent Layers）和转录层（Transcription Layer）。卷积层是一个普通的 CNN 网络，用于提取输入图像的特征图。循环层是一个双向 LSTM 网络，目的是在卷积特征的基础上提取序列特征。转录层使用 CTC 损失函数，它可以在文字不对齐的情况计算 Loss。将文字区域输入该模型，就能得到身份证的信息。注意地址往往有多行，需要分别识别。

6.3.7　基于OCR识别的用户签名信息核对

在合同文件上，经常需要填写签名信息，当文件比较多时，自动检测每一张合同有没有正确填写签名信息就很重要了。和身份证识别一样，签名信息的核对也包括了文字区域检测和文字识别。这里文字区域检测只需要检测签名区域即可。由于文档通常含有大量文本行，因此可以通过直线检测对文档进行校正，用和身份证识别相同的方法找到签名信息区域，然后训练模型进行签名的识别。注意，用户的签名信息通常是手写体，较难识别，一般只需要确定签名区域有无签名即可，可通过像素值判断。文档直线检测和校正的示意如图 6-22 所示。

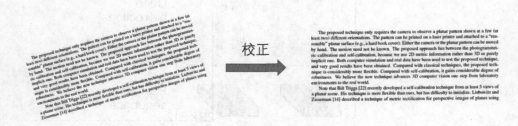

图 6-22　文档直线检测和校正示意图

6.3.8　基于中心性和图相似性算法的智能推荐应用

来用一句话来描述一下推荐系统的主要任务：推荐系统就是通过分析历史数据，给用户推荐可能会喜欢、购买的商品，这里面的核心就是用户（User）和商品（Item）。更进一步，推荐系统的关键有下面三部分：

✓　用户偏好建模：User Preference。

✓ 商品特征建模：Item Feature。

✓ 交互：Interaction。

本文将以电影推荐为例，侧重于点击预测（Click-Through-Rate）问题，即根据用户历史观看的电影列表，来预测用户是否会观看当前电影，因此不考虑用户的一些属性因素，本质就是判断历史电影集合与当前新的电影的相似度。传统的电影推荐系统主要面临以下问题：

✓ 稀疏性：电影往往成千上万部，但是用户打过分的电影往往只有几十部。使用如此少的观测数据来预测大量的未知信息，会极大增加过拟合的风险。

✓ 冷启动：对于新加入的用户或者节目，其没有对应的历史信息，因此难以准确地进行建模和推荐。

为了解决这些问题，我们引入知识图谱这一技术来解决：一方面，知识图谱可以引入更多的语义关系，深层次地发现用户兴趣；另一方面，知识图谱拥有不同的关系链接种类，有利于推荐结果的发散。同时，推荐结果会具有较好的可解释性。

本小节使用 Personalized PageRank 将推荐系统与知识图谱相结合。Personalized PageRank 算法继承了经典 PageRank 算法的思想，利用数据模型（图）链接结构来递归地计算各节点的权重，即模拟用户通过点击链接随机访问图中节点的行为（随机行走模型）计算稳定状态下各节点得到的随机访问概率。Personalized PageRank 与 PageRank 的最大区别在于随机行走中的跳转行为。为了保证随机行走中各节点的访问概率能够反映出用户的偏好，个性化的 PageRank 算法要求在随机行走中的每次跳转不可随机选择到任意节点，用户只能跳转到一些特定的节点，即代表用户历史观看的那些节点。因此，在稳定状态下，用户历史观看的节点和相关的节点总能够获得较高的访问概率。个性化 PageRank 算法表示为：

$$r = (1-c)Mr + cv \qquad (6\text{-}6)$$

式中：M 为图谱的邻接矩阵，c 为跳转回观看历史节点的概率，v 为用户的偏好向量（或个性化向量）。$|v|=1$，v 也被称为 Personalized PageRank 向量（PPV），它反映了图中每个节点针对给定偏好向量的重要性。在这里依据一些时间关系来设定这个概率。

但是可以看出偏好向量 v，只能在用户有一些观看记录时才能得到，而在线 Personalized PageRank 计算受限于图谱的规模显然不能满足用户对响应时间的要求。因此在实现 Personalized PageRank 的时候采取了一些启发式算法。用粒子滤波（particle filter）算法来逼近 Personalized PageRank 算法以实现用较快的运算速度逼近我们想要的效果。

同时采取了一种更具解释性的算法用于推荐系统。基于一个单纯的观察：如果两个电影节目有许多共同的相邻节点，那么我们会认为两个电影是相似的。由这个基本的假设，我们采用了节点相似度（Node Similarity）算法。在这里我们使用 Jaccard 指标来刻画两个电影节目之间的相似性。使用以下公式计算两个电影节点 m、n 的相似度：

$$\text{Jaccard}(m,n) = \frac{|\text{adj}(m) \cap \text{adj}(n)|}{|\text{adj}(m) \cup \text{adj}(n)|} \tag{6-7}$$

其中，$\text{adj}(x)$ 表示节点 x 的相邻节点集合。当然，这个计算方式并没有考虑到不同类别邻居的权重问题，这里依旧是一个可以优化的地方。相较于这种可解释的方式，表示学习的可解释性不强，但是效果会更好。可以使用 node2vec 的技术对节点做嵌入，然后使用余弦相似度的方法找到最为相似的电影。

6.3.9 基于LDA和MLLT的语音识别特征变换矩阵估计方法

1. LDA 算法简介

线性判别分析（Linear Discriminant Analysis，LDA）是一种经典的线性监督学习方法。二分类问题的解决方法最早由 Ronald Fisher 发明于 1936 年，故也称该方法为 Fisher 线性判别（Fisher Linear Discriminant，FLD）。严格来说 LDA 与 FLD 稍微有些差异，前者假设了各类样本的协方差矩阵相同且满秩。

LDA 算法自 1996 年由 Belhumeur 引入模式识别和人工智能领域后，成为模式识别的经典算法之一，常用来解决图像识别、语音识别领域相关问题。在图像识别领域人脸识别相关的论文中引用较多，语音识别领域主要用于处理音频特征，提取关键因素。

LDA 的基本原理是一种经典的降维方法，采用有监督的方式将高维特征空间映射到一个最佳的可鉴别的低维空间上，从而达到提高类别分辨度和压缩特征维度的效果。投影后要确保在给定的样本集映射到低维空间中，类别之间样本间距最大化，类别内部的样本间距最小化。

以简单的二分类为例，对于给定的样本集，设法将所有样本点投影到一条直线上，使得两类样本在投影的直线上有明显的区分，如图 6-23 所示。

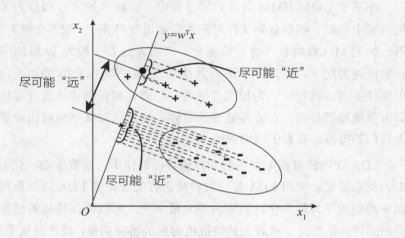

图 6-23　LDA 的二维示意图

2. MLLT 算法简介

最大似然线性变换（Maximum Likelihood Linear Transformation，MLLT），在最大似然估计的前提下，采用一个线性变换矩阵，对参数特征进行解相关。相对于一般最大似然估计解决线性问题，MLLT 增加了一个线性变换矩阵，使得在新的特征空间中，提升了模型与样本集的似然度，有助于提升训练速率与模型效果。

概率模型训练过程，其实就是针对训练样本数据分布，实现参数估计的过程。可通过优化似然函数准则，来估计对应的参数值。最大似然估计（Maximum Likelihood Estimation，MLE），是似然函数的基础应用，根据样本分布来估计参数。似然函数是统计模型参数的函数，是在已知事件的情况下，推测该事件发生条件的函数。因此，似然估计也叫作参数估计，最大似然估计，就是求解统计模型最合理时对应的参数值。

在最大似然条件下，似然函数是训练数据与模型匹配的函数表示，似然函数值越大说明模型效果越好，对应的参数越接近最优解。MLLT 方法对原特征空间进行一个线性变换，根据高斯模型相对于训练数据似然度的变化来优化特征空间，最终使得模型与训练样本的似然度增大，参数效果提升。

3. LDA 算法和 MLLT 算法在语音识别中的应用

在基于 GMM-HMM 语音识别任务中，会将音频文件切分为多个帧，然后把音频中的每一帧与音频文件对应的音素进行对齐。一般多个帧对应一个音素，每一帧的 MFCC 特征（含一阶差分、二阶差分）一般为 39 维的向量。因此在正常语速情况下，平均一个音素会对应 20 帧，即 39×20 的高维向量。在语音识别任务训练过程中，为提高训练效率，需要对音频特征进行零均值、去相关和方差规整等处理。在方差处理的时候，如果已知某些维度比较重要，可以增大它们的方差，有益于网络训练。

LDA 在训练过程中主要起到筛选特征的作用，在数据归一化的过程中，音素为类别标记，采用 LDA 算法对特征进行处理，如 LDA 算法原理所述，可以保证类别间差异最大化，类别内差异最小化，可以确保特征的差异尽可能大。得到的转换矩阵是一些较大的特征值对应的特征向量，挑选出重要的特征维度。然后进行后续的 MLLT 矩阵变换，如图 6-24 所示。

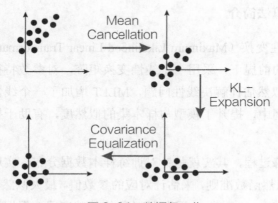

图 6-24　数据归一化

在处理多维高斯分布的时候，通常将协方差矩阵简化成对角矩阵，一定程度地弱化了模型，最终的似然函数也下降很多。MLLT 的处理可以减少似然函数的损失，使对角矩阵合理性提升。

6.3.10　基于MFCC和Kaldi-chain声学模型的语音情绪分析

语音是人与人之间交流的最基本、最直接有效的方式，正确理解语音中包含的情绪信息能够避免很多不必要的麻烦，比如现在客户服务行业普遍使用的自动化语音提示，一旦检测到用户愤怒的情感，及时切换到人工服务便可以减少大量投诉。Kaldi 工具箱作为一款集成度高、功能强大的语音识别工具，能够准确地获取语音对应的文字信息，为后续情绪分析提供强大的支撑。

1. 梅尔频率倒谱系数

语音的时域信号通常难以找到发音规律，即使是非常类似的波形，发出的声音也可能完全不同。研究表明，人类的听觉器官是通过频域信号来分辨不同的声音的，将时域的波形进行短时傅里叶变换（STFT）就得到了声音的频谱，对频谱中各个成分的幅值进行参数化调整就到了可分辨不同声音的声学特征。

其中，梅尔频率倒谱系数（MFCC）是最常见的声学特征，其提取流程如图 6-25 所示。

图 6-25　梅尔频率倒谱系数（MFCC）提取流程图

✓ 对语音滑动加窗实现分帧，常见的窗函数有矩形窗、汉明窗、平顶窗、凯塞窗、布莱克曼窗等。通常帧长为25 ms，帧移10 ms，重叠的15 ms避免了相邻两帧的变化过大。

✓ 对每一帧信号做快速傅里叶变换（FFT），并计算功率谱。

✓ 利用梅尔滤波器对功率谱进行滤波，得到梅尔频谱。

✓ 对梅尔频谱进行离散余弦变换（DCT），通常取DCT后的第2个到第13个系数作为MFCC系数。

✓ 对MFCC系数进行一阶差分及二阶差分，并加入其他表征声音特征的向量，得到最终用于训练的梅尔频率倒谱系数（MFCC）。

Kaldi 提供了 compute-mfcc-feat 作为 MFCC 的提取工具，用户通过设定不同的参数可以得到需要的声学特征向量。此外，Kaldi 还提供了提取 Fbank 特征的工具，Fbank 为不做 DCT 的 MFCC，由于保留了特征维间的相关性，通常用在 CNN 训练中。

2. Chain 模型

Kaldi 中的 Chain 模型是目前识别效果最好的模型，读者可以通俗地将 Chain 模型理解为一个利用最大互信息目标函数进行训练，但是不需要生成分母词格的区分性训练神经网络模型。该模型以 MFCC 特征和 Ivector 特征（说话人相关特征）为输入，经由 LDA 矩阵做特征变换进入模型训练，最终得到语音文件识别结果。

现有的以文本为输入的情绪分析模型已经取得了不错的进展，神经网络模型（CNN、LSTM 等）的发展使得情绪分析的准确性进一步提高。因此，对语音情绪分析可以通过如下方法：首先通过 Kaldi 的 Chain 模型将其识别为文本，然后将识别结果作为情绪分析模型的输入，构建一个从语音到情绪的分类（回归）模型，最终达到对语音的情绪识别的目的。

如图 6-26 所示，原始语音经过 Chain 模型解码得到相应的文本，对文本进行去噪、停用词处理、Word2Vec 等一系列预处理得到训练集与测试集，之后设计情绪分析网络模型并进行训练得到最终用于语音情绪分析的模型，完成语音到情绪的分析工作。

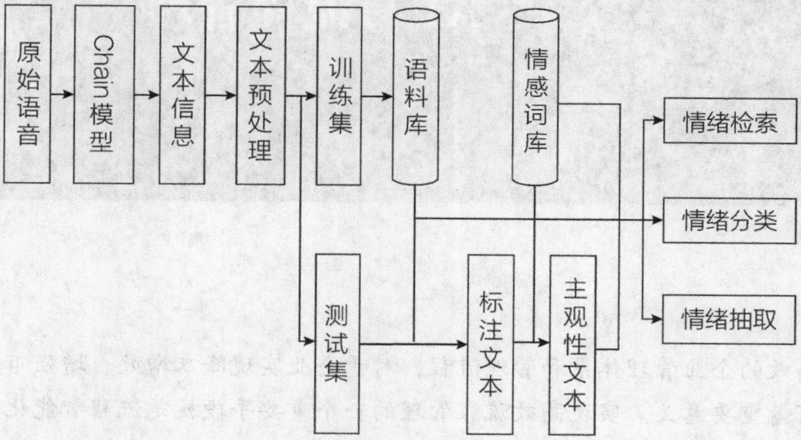

图 6-26　语音情绪分析流程

第7章 AI 与流程管理

高效的企业管理体系和管理流程，对于企业实现降本增效、增强市场竞争能力有着重要意义。实现高效流程管理的一个重要手段就是流程智能化，即通过 AI 技术的注智赋能，实现对可重复过程的自动化和智能化管理，洞察业务机会和方向，作为快速反应，实现更优的业务流程，提升流程管理的效率，使业务流程更加智能地适配业务。

本章内容以机器人流程自动化（Robotic Process Automation，RPA）为主要切入点，将系统介绍 RPA 发展历史、现状以及具体的开发运行、管控调度、任务执行的流程，并以 4 个具体的应用案例为例，详细介绍应用于智能流程管理中的 AI 技术。读者可通过本章内容的阅读，对人工智能技术如何优化企业流程管理、提升管理效能，有一个宏观和全面的认知。

7.1 智能流程管理与企业降本增效

"降本增效"这一概念是在 2015 年 12 月的中央经济工作会议中提出的，中央针对经济的新常态，以及我国经济发展的阶段特征，提出了"三去一降一补"这一具有重大指导性、前瞻性、针对性的经济方针，旨在通过推进供给侧结构性改革的战略，提升我国经济发展的质量。

从降本增效的概念内涵讲，更多是从转变政府职能、推进流通体制改革的角度来阐释的。即帮助企业降低成本。降低制度性交易成本，转变政府职能、简政放权，进一步清理规范中介服务。降低企业税费负担，进一步正税清费，清理各种不合理收费，营造公平的税负环境，研究降低制造业增值税税率。降低社会保险费，研究精简归并"五险一金"。降低企业财务成本，金融部门要创造利率正常化的政策环境，为实体经济让利。降低电力价格，推进电价市场化改革，完善煤电价格联动机制。降低物流成本，推进流通体制改革。

时至今日，降本增效的概念内涵已经逐步发生了变化，除了仍包含供给侧改革的宏观政策含义外，又增加了一层通过企业自身精细化管理来降低成本、提升效率的微观管理含义。并且这一概念逐步成为企业管理的重要目标。

那么，企业如何才能实现真正的降本增效呢？除了设定科学合理的管理目标外，还需要制定完善规范的管理流程。一般来讲，企业的流程按其功能可以分为业务流程与管理流程两大类别。其中，业务流程的管理指向是对外的，指以面向顾客直接产生价值增值的流程；管理流程的管理指向是对内的，是指为了控制风险、降低成本、提高服务质量、提高工作效率、提高对市场的反应速度，最终提高顾客满意度和企业市场竞争能力并达到利润最大化和提高经营效益的目的的流程。

在管理学理论上，一个提升管理效能的主要方法，是将大量、重复的问题进行标准化和流程化，形成标准的管理流程和模板，通过流程的复制，降低管理成本，提升管理效率。在企业的管理中，存在着大量、重复性的工作内容，比如财务票据的审核、项目合同的高效审批、各种报表的快速填写等。这些工作如果单纯依靠人工完成，不仅仅浪费大量的时间，还会因为大量、重复性劳动，造成劳动者产生厌烦情绪，增加错误概率，影响工作效率。因此，科学合理、规范完善的流程管理，离不开人工智能技术的支撑和赋能。通过将机器人流程自动化（Robotic Process Automation，RPA）和机器学习（Machine Learning）技术应用到日常的管理流程中，为企业实现真正的降本增效，提供直接的注智赋能。

7.2 AIRPA 助力数字化转型

7.2.1 RPA概述

1. RPA 的含义

RPA（Robotic Process Automation）即机器人流程自动化，通过模拟并增

强人类与计算机的交互过程，实现工作流程中的自动化。RPA 不仅可以模拟人类，而且可以利用和融合现有各项技术如规则引擎、光学字符识别、语音识别、机器学习及人工智能等前沿技术来实现其流程自动化的目标。RPA 在企业提升管理效率、降低管理成本方面，具有突出的作用，据 Forrester 发布的《预测 2019：人工智能》报告中指出，RPA 和 AI 将共同为超过 40% 的企业创建数字化劳动力。

同人工相比，RPA 具有如下方面的优势：

✓ 效率高：RPA 可以不间断处理大量、重复工作，准确、高效。

✓ 成本低：RPA 实施成本低，维护成本依赖于运行环境，整体成本比人工成本要低得多。

✓ 速度快：RPA 不间断快速处理大量、重复工作，而且 RPA 实施的速度也比其他软件开发要快、见效快。

✓ 质量好：和人相比 RPA 处理大量、重复工作准确度更高。

✓ 态度优：RPA 可以 7×24 小时不间断工作、不闹情绪、态度始终如一。

2. RPA 应用业务领域

正是基于上述的优势，RPA 广泛应用于各种业务领域：

✓ 财务领域：RPA 可广泛应用于电子税务办理、差旅报销、研发费用时序账整合、交通费进项抵扣账务处理、加计扣除计提增值税等业务场景。

✓ 电子通信领域：RPA 可应用于作为网络优化机器人定期对网络进行监控用户、IT 巡检、对政企客户进行自动建档、合同协议材料自动高效审核、客服系统信息快速采集备份、定期对上传数据进行分析挖掘、对客户订单审核处理等业务场景。

✓ 人力资源领域：RPA 在帮助企业寻找合适候选人、对候选人工作经历核实、候选人入职自动化、对员工离职快速审批、对员工薪资进行自动化管理等。

✓ 证券领域：RPA 可应用于开市期间对盘面进行监控、清算业务办理、资金管理系统管理、资金托管系统管理、财务系统管理、零售系统管理等业务场景。

✓ 银行领域：RPA可以通过自动化的流程，协助银行系统高效完成如多系统间数据迁移、客户账户管理、自动生成报表、金融索赔处理、客户黑白名单审核、零售贷款、信用卡在线审批、资金结算等业务需求。

✓ 保险领域：RPA可应用于自动化管理和客户服务，接收审查分析和提交索赔、文件报送、系统清算、风控管理等业务场景。

✓ 医疗卫生领域：RPA可以协助业务系统对患者注册、患者数据迁移、患者数据处理、医生报告生产、医疗账单处理、数据自动录入、患者记录存储、索赔处理、医保对账等业务场景进行高效处理。

✓ 工业制造领域：RPA可以应用于ERP自动化、物理数据自动化、数据监控及产品定价比较、供应链管理、客户服务流程自动化等业务场景。

✓ 零售领域：RPA可以应用于制造商网站数据提取、自动在线库存更新、网站导入、电子邮件处理、订单数据处理、智能客服等业务场景。

✓ 物流领域：RPA可以应用于运输车与货物匹配、线路规划、货物出库报税报关、ERP仓库分拣系统整合、供应商零售商系统整合等业务场景。

3. RPA 发展现状

目前大多数的 RPA 软件产品都集中在 RPA 3.0 阶段，能够实现标准化、结构化的业务流程自动化，主流 RPA 厂商已经开始探索在其产品中引入 AI 技术迈向 RPA 4.0 阶段。RPA 演讲流程如图 7-1 所示。

图 7-1 形象地展示了 RPA 从 1.0 演进到 4.0 的过程，其中：

RPA 1.0（Assisted RPA，辅助型 RPA）：涵盖了现有的全部的桌面自动化软件操作，用以提高工作效率，部署在员工 PC 上，缺点是不支持端到端的自动化和难以成规模应用。

RPA 2.0（Unassisted RPA，独立型 RPA）：涵盖了目前机器人流程自动化的主要功能要求，实现端到端的自动化和成规模的虚拟劳动力，具有工作协调、机器人管理、机器人性能分析等功能，部署在虚拟机上，缺点是需要人工控制和管理 RPA 软件机器人的工作。

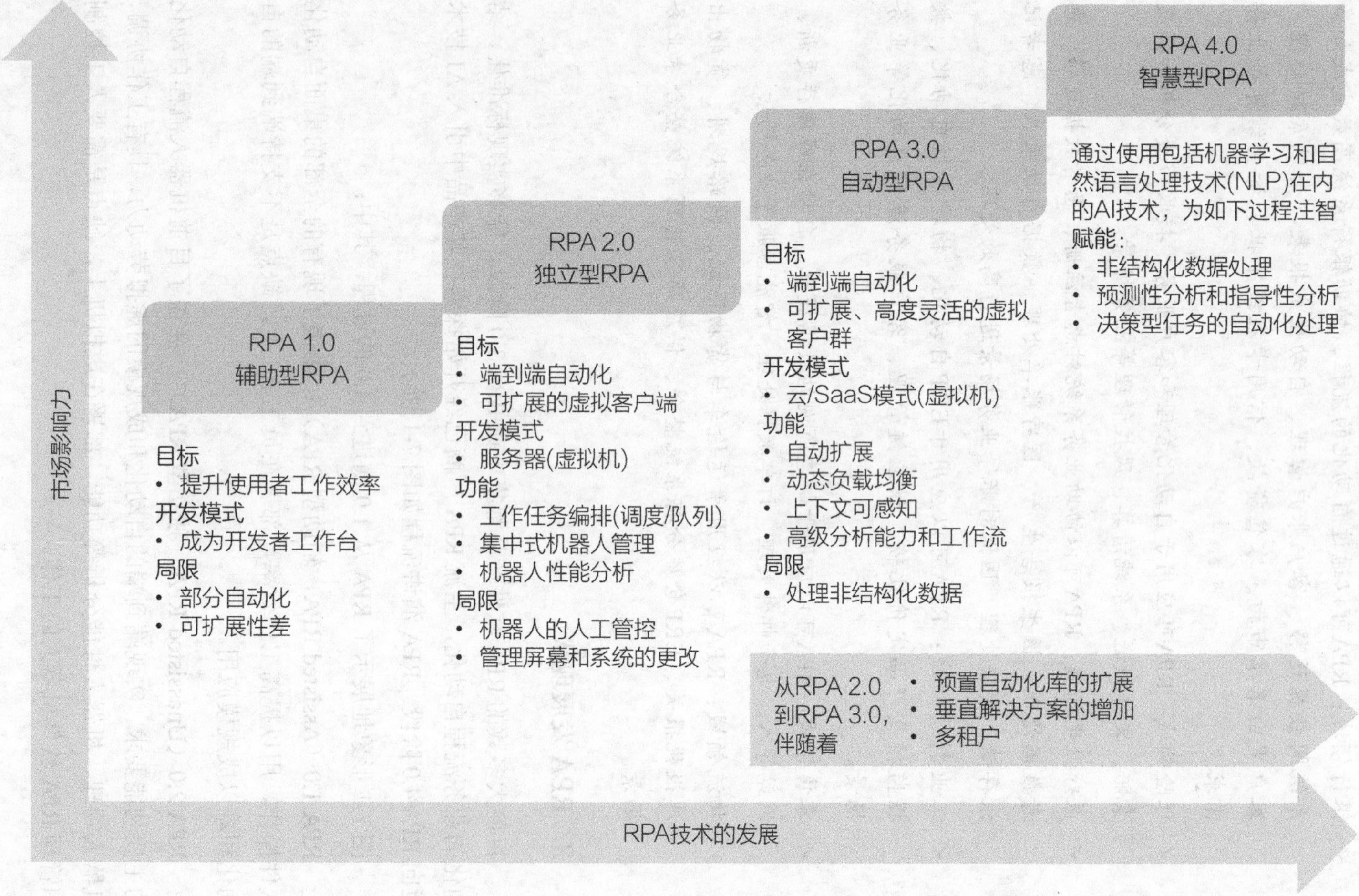

RPA 1.0 辅助型RPA

目标
- 提升使用者工作效率

开发模式
- 成为开发者工作台

局限
- 部分自动化
- 可扩展性差

RPA 2.0 独立型RPA

目标
- 端到端自动化
- 可扩展的虚拟客户端

开发模式
- 服务器（虚拟机）

功能
- 工作任务编排（调度/队列）
- 集中式机器人管理
- 机器人性能分析

局限
- 机器人的人工管控
- 管理屏幕和系统的更改

RPA 3.0 自动型RPA

目标
- 端到端自动化
- 可扩展、高度灵活的虚拟客户群

开发模式
- 云（SaaS模式（虚拟机）

功能
- 自动扩展
- 动态负载均衡
- 上下文可感知
- 高级分析能力和工作流

局限
- 处理非结构化数据

RPA 4.0 智慧型RPA

通过使用包括机器学习和自然语言处理技术(NLP)在内的AI技术，为如下过程注智赋能：
- 非结构化数据处理
- 预测性分析和指导性分析
- 决策型任务的自动化处理

从RPA 2.0到RPA 3.0，伴随着
- 预置自动化库的扩展
- 垂直解决方案的增加
- 多租户

RPA技术的发展

图 7-1 RPA 演进流程图

RPA 3.0（Autonomous RPA，自主型 RPA）：涵盖了目前机器人流程自动化最期望的主要功能要求，实现端到端的自动化和成规模多功能虚拟化劳动力、弹性伸缩、动态负载均衡、情景感知、高级分析和工作流等功能，部署在云服务器（虚拟机）上，缺点是无法处理非结构化数据。

RPA 4.0（Cognitive RPA，智慧型 RPA）：需要涵盖的功能要求为，使用机器学习等技术，实现处理非结构化数据、预测规范分析、自动任务接受处理等功能。

7.2.2　RPA开发运行流程

RPA 平台应包括开发、发布、管理、部署、调度和监控等能力。流程机器人开发人员使用开发工具制作机器人，并将机器包发布到机器人管控调度平台；运营人员从机器人管控调度平台选择机器人包、执行节点调度执行任务；机器人引擎接受任务，执行任务操作应用系统，同时支持本地手工启动执行任务功能。

如图 7-2 所示为整个 RPA 的开发运行流程。

在 RPA 的开发运行流程中各个功能模块的作用如下。

浏览器 / 应用程序：业务系统可通过浏览器或者应用程序的方式，调用 RPA 能力，应用到具体的业务需求场景中。

流程机器人开发工具：提供可视化、组件化、流程化的 RPA 开发环境，提升机器人开发效率，降低使用门槛。

机器人管控调度：对流程机器人，任务进行综合协调管理；管理流程版本，监控机器人状态，调度机器人执行任务，收集分析任务执行结果。

机器人引擎：接受流程机器人包，接受机器人管家的调度任务，执行流程任务并将执行结果反馈至机器人管家。

AI 中台 / 业务中台 / 数据中台和技术中台：各大中台为 RPA 提供 AI 能力、业务能力、数据能力和技术能力的支持。

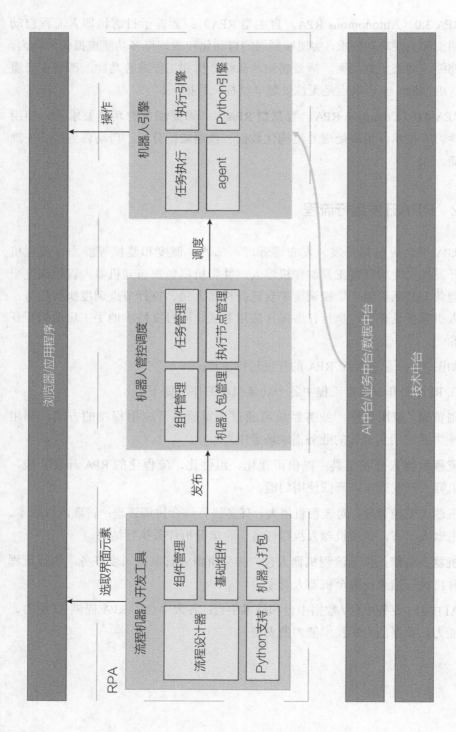

图 7-2　RPA 开发运行流程

7.2.3 RPA开发工具

RPA 的开发工具，主要使用 C# 以及 Windows 工作流框架实现一站式机器人开发工具，提供可视化、组件化、流程化的 RPA 开发环境，提升机器人开发效率，降低使用门槛，包含流程设计器、基础组件、组件管理、Python 支持、机器人打包工具。

图 7-3 为 RPA 开发工具的一般性功能说明。

图 7-3 RPA 开发工具功能说明

RPA 开发工具至少应包括如下功能：

机器人打包：将设计完成的机器人 xaml 文件及其资源文件打包成压缩文件，并上传到管理平台。

✓ 需支持机器人功能描述，以及所需数据描述。

✓ 支持机器人上传到管控平台。

Python 支持：需支持编写 Python 脚本。

✓ 需支持Python组件。

✓ 需提供Python编辑器。

组件管理、基础组件： 需提供封装一系列操作的组件下载、加载。

✓ 需支持组件下载。

✓ 需支持主件加载、卸载。

流程设计器： 需支持以图形化方式、拖曳方式设计流程。

✓ 需支持拖曳组件到流程，设置为流程节点。

✓ 需支持图形化设置流程节点属性。

✓ 需支持选择界面元素，抓取界面元素。

7.2.4 RPA管控调度

RPA 的管控调度功能，主要是管控调度对组件、机器人包、执行节点资源进行管理，对任务调度、提供任务状态、任务执行结果等提供信息统一管理、数据可视化图表展示。其中包含的功能有执行节点管理、组件管理、机器人管理、任务管理和租户管理等。

图 7-4 为 RPA 管控调度的一般性功能说明。

图 7-4 RPA 管控调度功能说明

RPA 开发工具至少应包括如下功能：

任务管理：可以提供选择机器人包、选取执行节点、录入任务所需输入文件、发起任务执行、管理任务状态、收集任务执行结果等任务功能。

- ✓ 需支持任务调度。
- ✓ 需支持任务下发。
- ✓ 需支持任务执行结果收集。
- ✓ 需支持任务结果分析展示。
- ✓ 需支持任务执行状态监控。

组件管理：需支持对封装的组件进行管理，包括组件版本、功能描述、属性描述等，供流程节点调用。

- ✓ 需支持组件浏览查看。
- ✓ 需支持组件版本管理。
- ✓ 需支持主机功能描述管理。
- ✓ 需支持属性维护管理。
- ✓ 需支持组件上传、下载，并存储至分布式文件系统。

机器人管理：需支持对开发工具上传的机器人进行管理，其中包括机器人版本管理、功能描述、输入数据描述等。

- ✓ 需支持机器包浏览查看。
- ✓ 需支持机器人包版本管理。
- ✓ 需支持机器人包功能描述管理。
- ✓ 需支持机器人输入数据说明。
- ✓ 需支持机器人包上传、下载，并将包存储至分布式文件系统。

执行节点管理：针对部署机器人的工作节点进行管理。

- ✓ 需支持节点注册。
- ✓ 需支持节点状态监控。
- ✓ 需支持节点上下线。

7.2.5　RPA任务执行引擎

RPA 任务执行引擎即为执行引擎，是 Windows 系统的一套桌面程序，通过引擎操作业务系统，能够使用 AI 或其他 IT 服务，包括任务执行、BS 执行引擎、CS 执行引擎、Python 脚本引擎、agent。

图 7-5 为 RPA 任务执行引擎的一般性功能说明。

图 7-5　RPA 任务执行引擎功能说明

RPA 任务执行引擎至少应包括如下功能：

任务执行：按照管控平台下发的执行任务，获取相应的机器人包、输入数据等，调度执行引擎执行任务。

✓ 能够接收任务。

✓ 能够运行任务。

✓ 能够从管控平台下载机器人包。

✓ 记录关键执行日志。

✓ 执行结果能够反馈至管控中心。

✓ 支持失败重试等策略。

执行引擎：包括 BS 执行引擎和 CS 执行引擎，接受任务执行器调度，解析机器人包，并按照流程设置操作业务系统，包括 Web、本地图形界面应用程序等。

✓ 具备解析界面元素信息。

✓ 能够读取界面元素内容。

✓ 能够填写界面元素数据，如输入框、选择框等。

✓ 能够解析机器人包并执行流程。

Python 脚本引擎：执行机器人包中包含 Python 脚本，可以使用 Python 脚本扩展使用 AI 及 IT 基础服务能力。

✓ 支持Python对AI常用能力封装，如票据识别等。

✓ 支持使用Python对AI能力以及其他IT服务调用。

agent：是 Windows 的一个守护进程，主要负责与管控平台通信，发送节点状态，接收控制命令，反馈任务信息等。

✓ 能够获取管控平台指令。

✓ 能够反馈任务状态至管控平台。

✓ 与管控平台保持心跳信息。

7.3　应用于智能流程管理中的 AI 技术

7.3.1　YOLO模型检测和分类票据

企业税务核算和内部报销需要处理大量的税务发票、交通票据和收据等，这些票据需要财务人员一张一张地整理，工作量大而且容易出错。OCR 技术可以定位票据图片的文字区域并对文字内容进行识别，财务人员只需要扫描票据就能将票据的有用信息提取出来，极大地提高了票据的处理速度。由于每种发票的关键信息都不相同，进行 OCR 识别时需要单独构建。因此，在进行 OCR 识别前，需要对票据进行检测和分类。

目标检测的算法有很多，比较流行的有两类：一类是 R-CNN 系列，包括 R-CNN、Fast R-CNN、Faster R-CNN 等，它们是 two-stage 的，即先产生 Region Proposal，然后在这个基础上进行分类和回归；还有一类是 YOLO（You Only Look Once）、SSD 等，它们是 one-stage 的，速度较快，但准确率不及 two-stage 的模型。下面以 one-stage 的 YOLO 算法为例，说明如何对票据进行检测。目前 YOLO 已经出了 4 个版本，YOLOv1 ～ YOLOv4，我们使用最新的 YOLOv4 进行建模。图 7-6 是 YOLOv4 相对于其他 state-of-art 目标检测模型在 MS COCO 数据集上的测试结果。

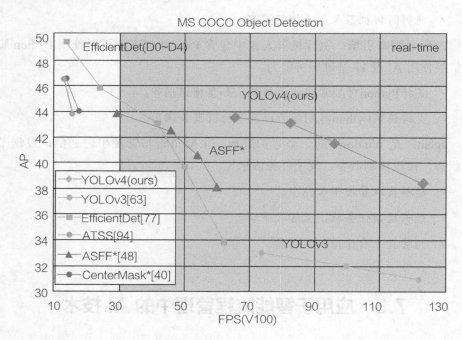

图 7-6　YOLOv4 相对于其他 state-of-art 目标检测模型在 MS COCO 数据集上的性能对比

可知，YOLOv4 的 AP 和 FPS 值相对于 YOLOv3 提升超过 10%。YOLOv4 使用了 CSPDarknet53 作为主干网络。此外，还使用了 SPP 附加模块、PANet 等。要训练 YOLOv4 网络，需要先收集票据并进行标注。模型识别效果如图 7-7 所示。

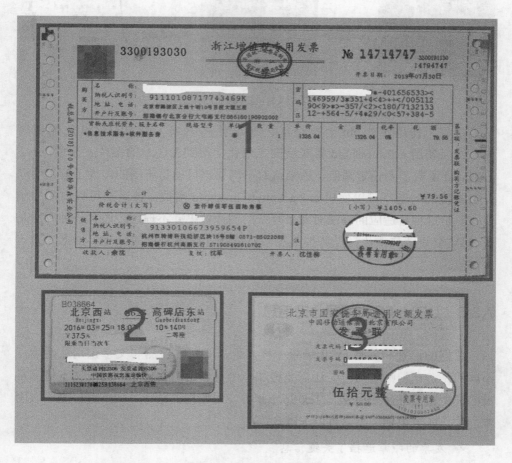

图 7-7　YOLOv4 票据分类效果（1. 通用机打发票；2. 火车票；3. 一般定额发票）

7.3.2　用OpenCV去除印章

　　各类发票都盖有印章，这些印章往往和关键信息重叠在一起，给文字检测和识别造成困难。因此，在进行 OCR 识别之前，可以先进行去除印章的操作。因为大部分印章的颜色都是红色（也有蓝色）的，因此，可以通过过滤红色像素并进行二值化和形态学操作去除印章。下面以通用定额发票为例介绍使用 OpenCV 的函数将红色印章去除，具体流程如图 7-8 所示。

图 7-8　票据去印章流程

首先，使用 cv2.split 函数将红色通道分离出来，得到不含红色的灰度图，然后使用 cv2.threshold 将灰度图二值化，得到去印章的图片。注意，cv2.threshold 函数需要设定阈值，该阈值对不同票据可能是不同的。为了解决手动设定阈值的问题，可以使用 cv2.adaptiveThreshold 函数，该函数可以自适应阈值。但是这种自适应的办法对背景复杂的图片效果并不理想。还有一种办法是在 HSV 空间做二值化，过滤掉红色，然后统计出像素值的分布，根据分布定义阈值。

7.3.3　CRNN识别票据关键信息

票据的识别和其他 OCR 场景一样，也需要文本检测和文字识别这两步，不同的是，在混贴票据时，还需要增加一个目标检测的模型。场景文本检测常见的模型有 CTPN、EAST、TextSpotter 等。对票据的情形，文本的检测不太困难，难点在于识别，主要有以下难点：

- ✓ 发票的印章遮挡了关键信息。
- ✓ 字迹有时存在水渍。
- ✓ 包含打印字体。
- ✓ 打印字体和真实位置不匹配，存在错行的情形。
- ✓ 打印字在表格线上等。

由于存在错位，通过位置信息来提取特定文本内容是不现实的。常见的做法是做全图识别，然后通过匹配的方式找到相应的字段。

不定长文字的识别主流模型是 CRNN，由于发票的背景环境复杂多样，给识别增加了难度。除了进行去印章、去背景噪声等预处理外，还可以在构建 CRNN 模型时就使用含有这些背景的图片作为训练数据，让模型学会区分背景信息和文字信息。文字信息识别准确后，就可以根据文字内容对发票进行结构化。比如日期、金额、上下车时间、发票号码、发票代码等。这些信息的格式都是比较固定的，因此可以根据数据格式归类所属的字段。如图 7-9 所示为定额发票结构化的流程。

图 7-9 定额发票识别流程

7.3.4 基于模板的OCR识别

前面介绍了如何预处理图片并通过全图识别和规则提取的方式来处理票据。在这一节中介绍另一种方案：基于模板的 OCR 识别。这种方法通常用在格式固定的场景，比如身份证识别、火车票识别、营业执照、驾驶证识别等。在票据上，通用定额发票、增值税发票、航空行程单等也具有格式固定的特点，因此可以使用基于模板的 OCR 识别结构化这类票据的数据。

模板，就是底板，它是一个"标准件"，这个"标准件"定义了待识别部分固定的区域。但实际上面对的图片并不是标准的，可能存在旋转和弯曲。为了得到"标准件"，可以使用透视投影法，对图片进行校正和模板对齐。透视投影变换需要 4 组从待识别图到模板图对应的点对，如图 7-10 所示。

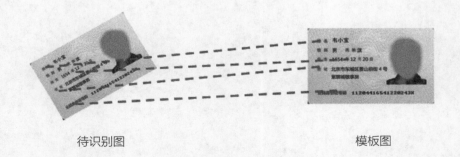

待识别图　　　　　　　　　　　　　　模板图

图 7-10 透视投影变换示意图

一张图片里可选的参照字段有多个，而进行透视变换矩阵的计算只需要 4 组，因此需要对可选字段进行选择。参考点越分散效果越好，而衡量分散程度可以使用面积。在实际进行透视投影变换时，可能需要进行多次校正。因此，需要计算校正后的图和模板的匹配程度。匹配程度可以根据摆正图谱的 4 个顶点跟模板 4 顶点的距离来判断。当图片校正成功后，待识别的文字区域确定即直接识别相应的区域结构化图片。

第 8 章

AI 与商业智能

5G 时代，企业的商业价值需要进一步深入挖掘，传统的基于对静态界面数据进行分析，侧重对业务现状和业务问题的描述和解释，依赖于对结构化的数据进行分析和处理的 BI 技术已越来越难以适应对企业商业价值深度挖掘的业务需求，客观上要求在业务分析和决策的过程中融入 AI 的因素，用 AI 优化业务决策流程和生产流程。以大数据和人工智能技术为引擎，促进业务流程和业务决策的双重革新。

本章内容主要基于对通信运营商的深度分析，系统介绍 AI 技术如何深度注智于传统的 BI 分析流程中。并针对通信行业近两年来最热门的两大事件——携号转网和提速降费，深度分析如何结合 AI 的能力，实现从战略规划设计到执行方案落地的全部流程。同时，对通信运营商目前面临的共性问题——用户流失，也会从知识图谱的视角提出全新的问题分析和解决思路。

8.1 5G 与运营商业务决策和业务流程优化

1. 5G 时代，商业价值需要进一步深度挖掘

5G 时代网络切片等能力的增加使得"网络即业务"成为可能，同时，由于 5G 业务的复杂多变性，与业务前端距离变得更近，对实时性的要求提出了更高的要求，因此，进一步加强 O 域与 B 域数据的整合迫切性会非常高，5G 的网络体验提升必须协同业务才能形成真正的端到端，以数据驱动业务成为 5G 时代的必然要求；同时，5G 时代云网融合的网络架构设计可以根据业务的

驱动进行动态调整，业务数据和网络数据更容易实现融通。

B/O 域融合的数据有更为丰富的信息维度和建模特征，有更高的数据价值，可以催生和创新更为丰富的业务应用，这些业务应用中蕴藏着巨大的商业价值，并需要进一步深度挖掘。如图 8-1 所示。

同时，在 5G 时代，运营商面对的业务场景日益复杂化，商业价值重要性日益凸显，业务决策的重心由分析到预测。从 5G 业务的发展趋势看，5G 业务的主要用户为各种聚类用户，相对于个人用户单一的业务场景，伴随着物联网的快速发展，聚类用户的业务场景更加复杂，边缘价值的重要性进一步凸显，商业模式也更加复杂。为了更好地满足聚类用户业务应用，需要深度分析和挖掘聚类用户的业务需求，提供更为综合的业务解决方案。同时，由于边缘计算的业务场景越来越多，所以对业务决策的实时性要求更高，尤其像类似远程医疗、无人驾驶等业务场景，要求的决策响应时间都低于 10 ms。原有的业务场景加入了 5G 因素后变得更加复杂，各种因素对行动和决策的影响错综复杂，在进行业务决策时，需要综合考虑和分析每一个影响因子对行动结果的定量和定性的影响。

2. 传统的 BI 经营分析方式面临巨大挑战

仅仅依靠过去传统的 BI 经营分析的方式，已无法满足 5G 时代的行动决策支撑需求。原因主要有如下三点：

一是传统的 BI 分析方式注重的是对一定周期内静态界面数据进行分析，而 5G 时代的业务场景产生了大量的动态数据，并且需要快速地通过对动态数据进行分析挖掘，并迅速做出反馈。

二是传统 BI 分析方式侧重于对业务现状和业务问题的描述和解释，告诉我们"是什么"和"为什么"的问题。而通常的情况下，对于业务发展更重要的是"未来如何"的问题，我们需要通过对数据的分析挖掘，建立可以用于预测业务未来发展走势的模型，以指导生产实践。

三是从数据处理量看，传统的 BI 分析方式，基本上依赖于对结构化的数据进行分析和处理，而在 5G 的业务背景下，往往更加需要处理的是结构复杂、来源多样、数据质量参差不齐的非结构化数据，很显然，传统的 BI 分析方式面对这样的数据是无能为力的。

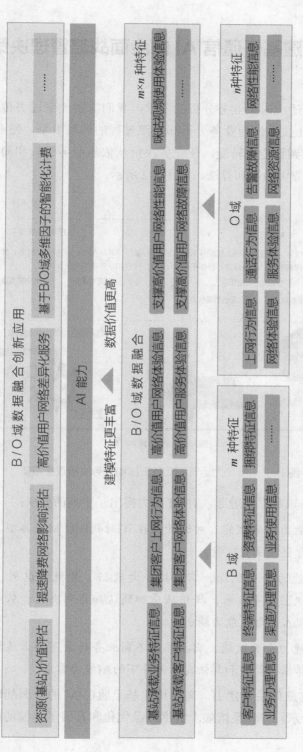

图 8-1 基于 B/O 域融合的创新应用

8.2 构建基于通信 AI 的全面战略管理决策体系

为了更好地适应未来业务分析的要求，我们需要改变过去传统 BI 的经营分析思路，以 AI 技术作为业务分析和决策过程的智慧引擎，使业务流程从人工化到自动化再到智能化转变；使业务决策从依靠业务经验和简单的 BI 分析工具，升级到依靠大数据和算法，如图 8-2 所示。

图 8-2 AI 助力运营商业务流程和业务决策双重革新

运营商 B/O 域数据的融通，对 AI 能力提出了更高的要求：

- ✓ 需要 AI 能力全域赋能，对运营商在 5G 时代 B/O/M 域典型、复杂的业务场景进行全域注智赋能。

- ✓ 需要 AI 能力全程赋能，需要结合大数据、音视频识别、自然语言处理、知识图谱等技术，提供从感知到认知再到决策，从生产到营销服务的全程人工智能能力输出。

- ✓ 需要 AI 能力全面赋能，需要结合不同业务场景下的云边协同需求，根据满足算据、算力和算法需求差异下的 AI 能力需求。

在具体的实施体系构建上，需要构建基于通信 AI 的全面战略管理决策体系。如图 8-3 所示，该体系依赖大数据产品优化和升级了传统的用于一般经营管理的策略性商业智能分析，使 BI 分析更加便捷、易用，能够处理结构更加复杂、数量更加巨大的商业数据。

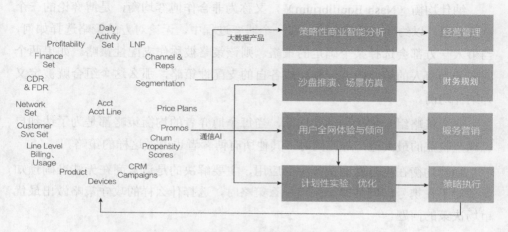

图 8-3　基于通信 AI 的全面战略管理决策体系

在策略性商业智能分析基础之上，依赖于运营商全面的生产、经营、财务、客户数据体系，通过通信人工智能技术，使业务决策更加智能。通过沙盘推演、场景仿真支撑业务规划，通过用户业务体验感知支撑服务营销管理，通过计划性实验、优化支撑业务策略具体执行。

8.3　应用于智能决策中的 AI 技术

8.3.1　纳什均衡算法与携号转网最优市场决策

2019 年的《政府工作报告》中提出在全国实行"携号转网"。所谓携号转网，就是手机用户可以在不换号码的情况下更换不同的基础电信运营商。这是继"提速降费"之后，通信领域的又一重大变革。携号转网政策的实施，对运营商的市场竞争格局、运营成本投入、客户服务政策都会产生很大影响。如何评估携号转网的影响、调整市场竞争策略、准确识别携转用户、优化服务营销方案，是运营商面对携号转网宏观政策时必须思考的几个问题。

对携号转网政策的影响，必须从战略的高度和视角，以动态均衡的思维、全盘统筹的原则，综合分析政策对市场竞争格局的影响，进而做出最优的市场决策。纳什均衡思想是解决这一问题绝好的战略分析框架。

纳什均衡（Nash Equilibrium），又称为非合作博弈均衡，是博弈论的一个重要术语，以约翰·纳什命名。在一个博弈过程中，无论对方的策略选择如何，当事人一方都会选择某个确定的策略，则该策略被称作支配性策略。如果两个博弈的当事人的策略组合分别构成各自的支配性策略，那么这个组合就被定义为纳什均衡。

一个策略组合被称为纳什均衡，当每个博弈者的均衡策略都是为了达到自己期望收益的最大值，与此同时，其他所有博弈者也遵循这样的策略。

纳什均衡在携号转网决策中的应用，主要解决的是运营商在无法准确预知竞争对手在携号转网战略上采用什么策略时，选择什么样的攻守策略做出最优市场决策的问题。

具体来看，运用纳什均衡算法解决运营商携号转网最优市场决策，需要解决如下 3 个问题：

✓ 运营商评估携号转网政策影响的攻守博弈核心。

✓ 如何选择合适的衡量测算指标。

✓ 如何测算纳什均衡结果，并依据结果做出最优市场决策。

第一个问题是，在充分市场环境下，什么是运营商评估携号转网政策影响的攻守博弈核心？

结合经济学模型，这里认为，攻守核心是平衡收入、用户、成本，使得收益最大化。

图 8-4 以经济学模型的方式说明了运营商的用户数（Subscribers）、成本（Cost）和收入（Revenue）之间的函数关系。

收入随用户数的增加呈现出对数增长，即随着用户增多，收入刚开始上升速度较快，后续逐渐变缓；成本随收入的增加也呈现出对数增长，即成本增多的同时，收入从快速增长变缓；用户数和成本关系有所不同，刚开始少量成本即可有较多用户，后续逐渐变缓，尤其达到一定水平后，再发展用户，成本会急速增长，呈 s 形曲线。

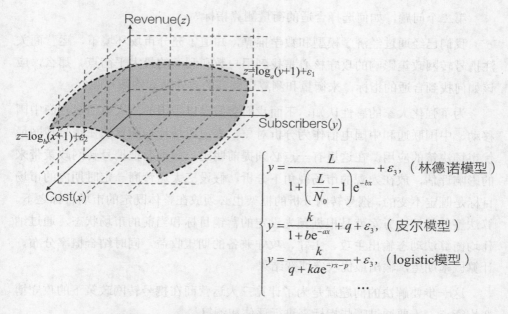

图 8-4 运营商用户数、成本和收入之间的函数关系

结合图 8-4，在充分市场环境下，运营商总是以用户数和利润的均衡最大化作为最优市场决策的评估标准，数学公式表示如下：

$$\mathrm{Arg}\left(\max\left(\frac{\mathrm{Revenue}}{\mathrm{Cost}}\right)\cap\max\left(\mathrm{Subscribers}\right)\right) \tag{8-1}$$

那么，可以简化为二维的图，如图 8-5 所示，评估携号转网政策影响的攻守博弈要解决的就是找到平衡点，投入较少成本，保证规模的前提下收入达到最大。

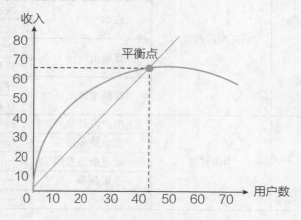

图 8-5 用户数与运营商收入的均衡点

第二个问题，如何选择合适的衡量测算指标？

我们已经通过经济学模型和数学推算，知道了充分市场环境下，运营商关注携号转网政策影响的攻守核心是找到用户数和利润的最大平衡点。那么，应该如何找到合适的指标，来衡量和测算运营商的攻守博弈均衡点呢？

为了强化大家的感性认知，下面我们会假设以中国的三大电信运营商中国移动、中国联通和中国电信作为分析对象，来说明纳什均衡算法在携号转网最优市场决策的应用。在这里有一点必须提前明确，必须要把携号转网政策带来的影响评估，放在宏观的市场视角下分析，假设三大运营商一定时期内的市场目标是既定不变的，携号转网分析的框架也必须放在整体既定的市场目标之下。算法整体的解决方案就是根据预先设定的营销目标和当前的市场状态，通过纳什均衡算法动态输出主攻、主守、攻守兼备的期望收益，同时结合概率分布，计算概率期望，输出最优攻守博弈结果。

这一步要解决的问题就是为了计算三大运营商在携号转网政策下的攻守博弈均衡点，需要通过哪些指标来进行评估和测算。

首先，需要从三大运营商的核心经营指标中选取其中和运营商的收入和成本等维度紧密相关的核心指标，并按照运营商之间的共性和差异，划分为共性指标和个性化指标，表 8-1 是指标提取的示例。

表 8-1　用于纳什均衡模型建立的运营商业务指标示例

维度类别	运 营 商	对比维度	对 比 指 标
共有维度	三大运营商	收入	月收入环比变化率
			月收入环比
		成本	成本环比变化率
			成本变化
		新增市场	新增用户环比变化
			新增用户占比变化
		存量市场	存量用户环比变化
			存量用户占比变化
私有维度	中国移动	用户发展	……
		重点业务预警	……
		重点业务发展	……
		存量预警	……
		……	……

续表

维度类别	运 营 商	对比维度	对 比 指 标
私有维度	中国联通	用户发展	……
		重点业务预警	……
		重点业务发展	……
		存量预警	……
		……	……
	中国电信	用户发展	……
		重点业务预警	……
		重点业务发展	……
		存量预警	……
		……	……

第三个问题，如何测算纳什均衡结果，并依据结果做出最优市场决策？

我们已经通过示例的方式，描述了运营商如何根据市场目标来选择评估携号转网政策影响攻守均衡点的可测量的业务指标。那么，这一步要解决的问题就是，如何通过测量和评估这些指标，找到三大运营商在携号转网政策下的纳什均衡点，以及运营商该如何依据均衡结果来做出最优的市场决策。

解决这一问题共分为 6 个步骤：

步骤 1：通过指标两两对比，确定指标重要性（指标权重）评分。

步骤 2：根据营销策略期望值，对各项指标进行基准得分测量。

步骤 3：运营商不同攻守策略得分计算，输出关联矩阵评分表。

步骤 4：根据关联矩阵评分，两两竞争博弈；推演博弈得分，计算本轮博弈后得分表。

步骤 5：依据运营商各自收益评分和所有可能的策略组合，按照纳什均衡博弈原理，两两博弈，推演市场博弈的全局评分转移矩阵。

步骤 6：参照纳什博弈转移收益评分矩阵和当前市场的竞争状态，预测出目标客户未来的收益预期概率分布律，并计算出各策略的收益期望。选取最大收益期望值，输出最优策略。

最后，通过一个示例来说明纳什均衡算法如何帮助三大运营商在携号转网宏观政策影响下，采取最优的市场决策。

模拟使用的是 2016 年 J 省（区 / 直辖市）数据，说明三大运营商的攻守略策，如表 8-2 所示。

表 8-2 三大运营商 2016 年经分报表数据

运营商	J 省（区／直辖市）2016 年运营商经分报表数据				
	利润环比变化 （X_1）	新增用户变化量 （X_2）	新增用户份额 （X_3）	存量变化量 （X_4）	存量用户份额 （X_5）
A	−3.91%	−15.3	27.60%	1.3	26.20%
B	−5.88%	−70.4	58.50%	−29.7	68.20%
C	−0.79%	−14.8	13.90%	1.3	5.60%

通过纳什均衡的博弈算法，最终输出三大运营商的最优市场决策结果，如表 8-3 所示。

表 8-3 基于纳什均衡的三大运营商攻守策略模拟

运营商 B	(−3,−2)	(−2,−1)	(−1,0)	(0,1)	(1,2)	(2,3)	期望收益
Max（IN/OUT）	0	0	2	4	3	0	3.22
概率	0%	0%	22%	44%	33%	0%	
Max（IN）	1	4	3	1	0	0	3.00
概率	11%	44%	33%	11%	0%	0%	
Min（OUT）	0	0	0	5	3	1	3.89
概率	0%	0%	0%	56%	33%	11%	

运营商 A	(−3,−2)	(−2,−1)	(−1,0)	(0,1)	(1,2)	(2,3)	期望收益
Max（IN/OUT）	0	0	4	4	1	0	3.67
概率	0%	0%	44%	44%	11%	0%	
Max（IN）	0	4	4	1	0	0	3.66
概率	0%	44%	44%	11%	0%	0%	
Min（OUT）	0	0	2	3	3	1	2.56
概率	0%	0%	22%	33%	33%	11%	

运营商 C	(−3,−2)	(−2,−1)	(−1,0)	(0,1)	(1,2)	(2,3)	期望收益
Max（IN/OUT）	0	0	3	5	1	0	3.89
概率	0%	0%	33%	56%	11%	0%	
Max（IN）	5	4	0	0	0	0	4.56
概率	56%	44%	0%	0%	0%	0%	
Min（OUT）	0	0	0	4	4	1	3.67
概率	0%	0%	0%	44%	44%	11%	

通过上述实例的分析，得出结论：在携号转网宏观政策影响下，运营商 B 的最优市场策略是防守，运营商 A 最优市场策略是攻守平衡，运营商 C 最优的市场策略是积极进攻。

8.3.2　Transfer Learning（迁移学习）技术与客户携转风险识别

1. 从一个案例看 Transfer Learning 技术

该案例具体发生 2019 年的 4 ～ 6 月份，也就是在 2019 年 12 月携号转网政策正式实施之前，按照工信部要求，2019 年 12 月要实现所有手机客户自由携号转网。为有效规避即将来临的携号转网工作给存量客户运营带来的冲击和影响，未雨绸缪，精准识别潜在的携号转网客户，并挖掘可能引发其携号转网的潜在原因，进行针对性的维系挽留，成为 XX 公司当前市场存量客户保有运营的重要工作。

但该公司因尚不属于携号转网政策的试点省份，尚未产生实际的携号转网和入网的用户。很显然，通过传统基于正负样本学习的机器学习分类算法找出携转转网的潜在用户的方法，在该省无法实现，必须考虑引入新的学习思路，找到新的方法突破口。在传统的机器学习算法中，引入深度学习中迁移学习思想是有效突破 XX 公司无法获取有效正负样本进行机器学习的重要手段。

什么是 Transfer Learning 思想？所谓 Transfer Learning 思想，简单理解就是在现有的模型或特征基础上，为达到某新的学习目标，保留原模型或特征，进行的深入学习进而提升学习效率的一种思想。下面以一个例子来说明迁移学习在深度学习中的简单应用，比如我们现有的模型已经能够识别出猫和狗，如果新的目标是识别狗的品种，那么不需要重新学习，只需要在原模型中迁移加入新的特征学习，实现在大量包含猫、狗的图片中识别出不同的狗的品种。在提升效率的基础上，保障精度。

2. 为什么要进行 Transfer Learning

在本案例中，之所以引入迁移学习的思想，主要出于两方面原因的考虑：一是该省尚未正式实施携号转网政策，传统的通过正负样本建立分类模型挖掘携转用户特征的方法无法在该省落地；二是其他省市已经有过携号转网的挖掘模型，可以作为参考，作为迁移学习的基础输入模型。但是尽管携号转网在试点省（市）已有实践，但由于竞争环境和业务特点与本省的差异，迁移学习模型的实现仍存在较多挑战，需要进一步借助大数据和机器学习技术，构建适合本地的携号转网模型，并聚类分析客户携转的原因，针对性地指导市场进行携转客户与营销产品资源匹配，针对性地分层分级展开事前携转保有维系工作，助力公司存量客户保有。

3. 基于 Transfer Learning 技术携号转网潜在用户识别

正是由于引入了 Transfer Learning 技术手段，可以有效解决该公司携号转网用户缺失而无法通过传统分类模型建立携号转网潜在用户识别模型的问题。该公司携号转网潜在用户识别模型的建立，业务逻辑主要分成 3 个环节，如图 8-6 所示。

首先是对其他试点省份的模型学习，通过对其他试点公司模型的学习，分析其模型建立思想、业务关键特征、模型核心参数、携号转网原因等，并结合本地实际情况进行对比分析。

其次，是基于试点公司模型的本地化和迁移学习过程。在参考试点公司携号转网模型基础上，结合本地业务特征，进行重新的数据提取和业务模型挖掘。在业务特征选取时，充分考虑本地和试点公司环境差异，结合客户的捆绑行为、交往圈信息、消费行为、是否有宽带业务、网络质量、投诉、积分、终端等业务特征，并通过 Entropy、Ceofficient of variation、AHP 等算法筛选出业务特征指标权重，并使用 CNN、RandomForest、Logistc、SVM 等算法，择优构建分类模型，学习输出符合本省业务特征的携号转网的高风险客户。

最后，对环节二中识别出的高风险潜在携号转网用户，通过 K_means、K_medias、DBscan 等进行聚类细分，输出潜在携号转网用户不同的转网原因，并通过营销手段进行维系挽留。

4. 应用效果

B 公司在上线携号转网模型 3 个月来，月均输出 58 万潜在携号转网用户，根据用户潜在携号转网原因，针对高风险的语音超套和流量超套客户，通过省级 IOP 平台 CRM 厅台、手厅、云商盟等多渠道协同进行提前的营销维系保有，取得了良好的效果。

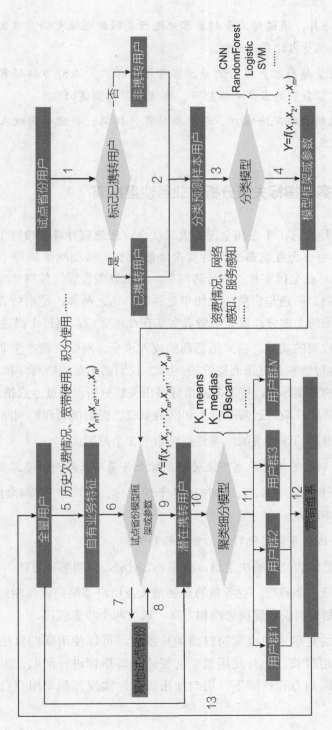

图 8-6　携号转网模型建设思路

✓ 2019年5月，通过对流量超套客户进行查网龄送流量满意度回馈活动，客户办理量占比高达30%。

✓ 针对流量超套客户进行流量扩容营销案推广，在58万携转客户中办理流量扩容套餐的客户高达35万，办理量占比高达61%。

✓ 智能识别携转风险客户，避免携转客户转网，挽回公司收入月均3943万元人民币。

8.3.3　基于多源指标关联分析的业务沙盘推演

2019 年 3 月 5 日，十三届全国人大二次会议在北京开幕，政府工作报告中提出，2019 年中小企业宽带平均资费再降低 15%，移动网络流量平均资费再降低 20% 以上，在全国实行"携号转网"，规范套餐设置，使降费实实在在、消费者明明白白。网速与资费，犹如车之两轮、鸟之两翼，是消费者评价上网体验的最直接的两个部分。要让消费者实实在在地受益，莫过于提速降费了。

提速降费政策的实施，将对运营商的收入水平、网络负载产生非常明确而直接的影响，这种影响是复杂而持续的。为此，我们需站在战略高度和全盘视角，模拟提速降费的真实环境，基于多源指标做出关联分析，通过沙盘推演的方式，全面分析提速降费政策对运营商收入和网络负载的影响机制和影响路径。

基于沙盘推演的业务决策，需要解决如下 3 个问题：

✓ 如何预测自然增长状态下运营商基础业务量增长及用户基站归属。

✓ 提速降费政策实施后，如何选择干预指标，以及干预指标对业务量变化的作用机制。

✓ 如何评估业务量变化对基站负载的影响。

下面结合总体的技术解决逻辑，如图 8-7 所示，说明解决思路。

先来分析第一个问题，业务量的自然增长及用户基站归属预测问题。以流量业务量的预测为例说明解决思路和方案，通过两个步骤解决。

首先解决的是单用户流量的自然增长预测，可以使用回归算法，输入单用户的流量使用时长、上月使用量、套餐流量等指标进行回归，得到回归方程式，并通过回归方程预测下月用户使用流量，实现预测单用户自然增长的流量预测。

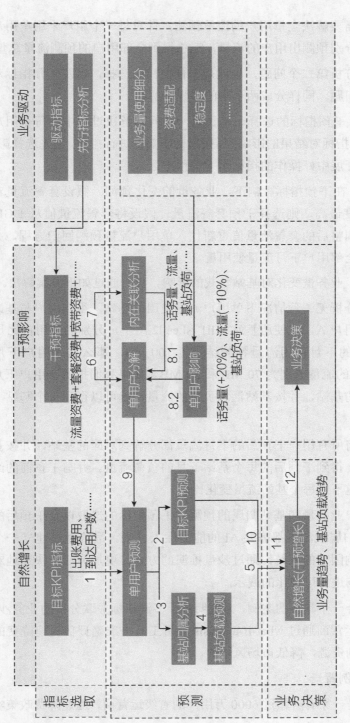

图 8-7 提速降费宏观政策影响下基于沙盘推演的业务决策流程

其次，需要解决全量用户的流量预测，针对每一个用户采用单用户流量预测的方式，分别预测出用户的流量，汇总得到全部用户的预测流量总量。

接下来分析第二个问题，也就是干预指标的选择，以及干预指标对业务量变化的影响问题。同样分成两个小的步骤来解决。

步骤 1：干预指标的选择。基于第一个问题解决过程中的每个用户回归方程中，得到各指标对结果的影响度，按指标影响度进行排序，优先选择影响较大，且实际业务开展中好操作的指标作为干预指标。

步骤 2：在干预指标影响下，业务量的变化预测。假设套餐流量对用户使用量的影响度最高，则选择干预套餐流量。假设将套餐流量值从 1 GB 调整到 1.2 GB，将调整后的套餐流量值重新代入单用户流量预测回归方程，并计算得出干预后的全部用户下月流量使用量。

问题三，业务量变化对基站负载的影响。我们通过如下方案解决。

首先，分析无干预情况下单用户流量使用的基站，得到用户与基站的对应关系。比如用户 A，只使用基站 cell1 和 cell2 两个，分别的使用占比是 2∶1。假设用户 A 的下月使用流量预测结果为 100 MB，那么这个用户下月分解到 cell1 和 cell2 的流量分别为 70 MB 和 30 MB。如果我们把所有用户下月流量都分解到对应的基站，并按基站汇总负荷的流量，就可以得到每个基站下月的负荷流量。

其次，将所有用户干预后的下月流量都分解到对应的基站，并按基站汇总负荷的流量，得到干预后的每个基站下月的负荷流量。并与干预前的结果进行对比，就知道下月每个基站流量变化比例。

其中用户业务量和基站归属的预测、干预指标的选取以及干预后的业务量及用户基站归属预测，都需要 AI 的能力注入进来。最终通过建立一个可动态调整关键影响因素的系统，通过沙盘推演的方式，更加灵活和快速地对提速降费政策的影响进行可视化的展示。

下面结合一个具体的案例，来说明基于多源指标关联分析的业务沙盘推演，是如何帮助运营商通过 what-if-analysis 分析工具来准确评估提速降费的政策影响，合理规划资源，降低市场风险的。

（1）案例背景

H 公司是一家有着超过 6000 万用户的省级运营商，提速降费政策实施后，很显然对 H 公司的业务收入和基站负载都会产生极大影响。需要从战略高度,模拟真实环境,通过沙盘推演的方式,分析提速降费政策实施的综合影响。但是,该公司面临着"三缺少""一不足"的困难,即缺少直观、便捷的围绕"降费提速"的分析工具;缺少"降费提速"导致影响的多维度分析体系;缺少可以事前预测并人工干预的方案;对 what-if-analysis 体系的不足。导致无法预知"提速降费"带来的影响,不能事前进行合理安排资源,降低风险。

(2)解决方案

针对上述问题,我们需要新建一套围绕"提速降费"的 what-if-analysis 分析工具,提供清晰的包括客观诉求、业务指标、业务影响的结构化数据及分析,支持可以事前预估导致的结果及对现有业务影响的洞察。

整体实现思路如图 8-8 所示。

整体上分为如下 7 个小的环节:

①选定任一单一用户,作为分析对象。

②选定该用户的话务、业务指标。

③根据用户标签、历史行为等因素,对该用户的话务、业务指标作自然预测。

④外力(如提速、降费政策)对用户的某些因素施加影响。

⑤结合③和④,预测该用户的干预 KPI。

⑥从用户 1 循环到 Last。

⑦根据用户的移动性 XDR,将用户 1 的话务量、业务量 KPI 分解到小区上。

最后,针对所有用户,重复上一步,形成图 8-8 中的用户 × 小区矩阵,对矩阵每一列求和,即形成在外力影响下,调整后的每小区预测话务量和业务量。

(3)应用效果

由于 what-if-analysis 分析工具涉及大量的用户数据计算,需要耗费大量的存储和计算资源,因此在上线前需要经过大量的实验室实验验证和优化,截至目前,该公司已经初步完成了工具在实验室的性能测试,并进入系统和工具开发阶段。部分效果如下。

用于分析用户业务量自然增长的回归模型如图 8-9 所示,通过该模型,可以非常容易地计算出单个用户的业务量自然增长预测值。

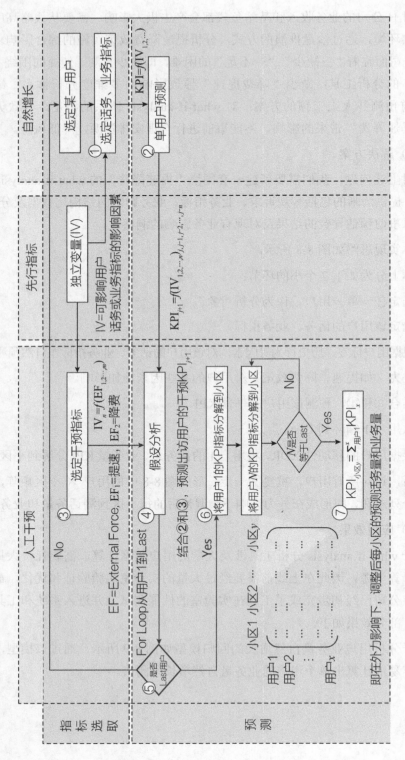

图 8-8　what-if-analysis 分析工具建设思路

	user_id	k	b
1651	977	[0.09008183]	-0.194910
1651	624	[0.]	0.000000
1651	447	[0.]	0.000000
1651	683	[-0.00014264]	0.007126
165	1567	[1.14336439]	-13.171131
1651	281	[1.46822567]	-48.578495
1651	677	[0.06140342]	0.879074
1651	940	[0.]	0.000000
1651	978	[0.]	0.000000
1651	691	[0.01341965]	0.008180

图 8-9　用户业务量自然增长的回归模型

提速降费干预后的业务指标变化如图 8-10 所示，可以看出资费下调后，用户出账收入随之发生变化。

statis_month	user_id	total_fee	call_duration	data_use_g	cell_id	new_fee
201905	165	8.10	28.0	9.462639	E133F86	6.480
201905	165	98.00	253.0	31.820620	1825558	78.400
201905	16	31.10	资费下调 0.004519	1A2A062	24.880
201905	1651	0.00	0.0	0.000000	3917000	0.000
201905	165	72.55	159.0	11.716888	604c	58.040
201905	165	2.48	0.0	0.000335	45f9	1.984
201905	165	0.00	0.0	0.000000	11b4	0.000
201905	1651	104.90	153.0	30.656252	4135882	83.920
201905	165	0.00	0.0	0.000000	bbdb	0.000
201905	165	86.90	19.0	18.719664	a458	69.528

图 8-10　提速降费干预后的业务指标变化

指标干预后对基站负载的影响如图 8-11 所示，可以看出基站使用负载明显升高。

cell_id	call_duration	new_call	diff	diff_rate
91fc	3.0	658.90	655.90	218.63
414E180	1.0	164.84	163.84	163.84
1A1E85C	2.0	101.56	99.56	49.78
b31b	20.0	904.72	884.72	44.24
1F7C500	3.0	131.16	128.16	42.72
E110E80	4.0	150.36	146.36	36.59
1c05	1.0	31.33	30.33	30.33
1840950	9.0	276.77	267.77	29.75
3B56802	1.0	30.09	29.09	29.09
910c	6.0	175.48	169.48	28.25

图 8-11　指标干预后基站负载的变化

系统开发的设计界面，如图 8-12 所示。调整输入变量，关键业务指标随之发生变化。

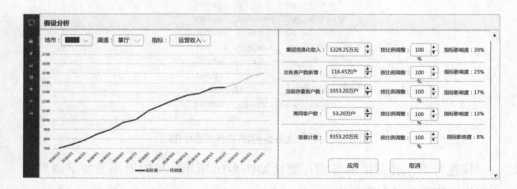

图 8-12　what-if-analysis 分析工具开发界面

8.3.4　基于社群发现的用户转网预警分析

近年来，随着通信业务的发展，宽带运营商的基础设施建设已全面部署。然而，随着通信业务市场的不断发展，用户流失已经成为各大运营商需要重视的问题。运营商需要考虑在发展新客户的同时，如何准确分析用户转网原因及给出维系方式。因此，建立转网预警模型来准确有效地识别出"预转网"用户，根据特定用户的需求制定出个性化的营销方案，有效挽回客户显得尤为重要。面向存量运营的场景，客户预转网均是基于客户认知的"客户识别＋维系手段"推荐，本质是需要识别精确并给予合理的维系抓手。

转网分析的目的是解决由于客户转网导致市场份额减少、收入降低的问题。目标是提高挽留成功率、降低转网率、减少由于客户转网带来的收入损失。因此，需要对客户按照流失倾向评分，产生最可能流失客户的名单，对这些目标客户进一步细分，得到不同转网客户的特征，并以此为基础采取针对性的措施。

基于知识图谱，我们给出了基于图数据库构建的方案。图谱包含用户与业务的图谱关系及用户与用户的图谱关系。基于分位数将数值变量类别化，把类别化之后的数据放入图谱中。图 8-13 和图 8-14 分别直观地展示了用户与业务之间的图谱关系，以及用户与用户之间的图谱关系。

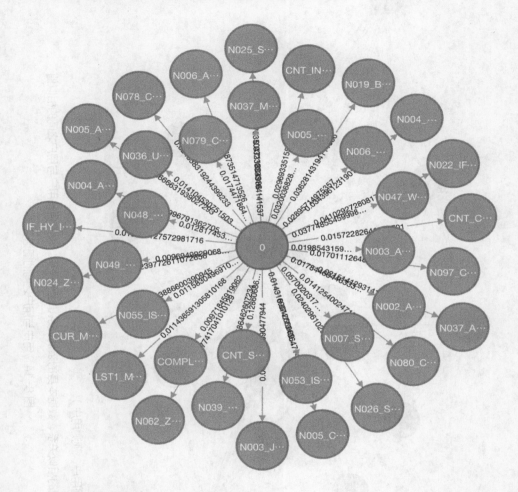

点：用户、重要用户特征

边：边的值是该特征的贡献度

图 8-13　用户与业务之间的图谱关系

方案实现了客户转网预测模型，事前挖掘有转网倾向的用户（潜在转网用户）及其转网风险概率，同时分析潜在用户的行为表现，归纳潜在用户的转网原因，进一步结合营销维系产品或渠道，输出维系的建议。具体流程如图 8-15 所示，包含业务理解、数据理解、模型开发及验证三部分。

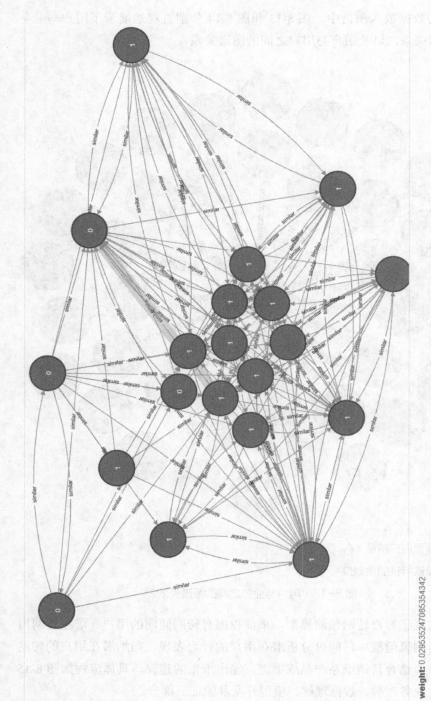

weight: 0.0295352470853354342

点：用户（包括转网用户、未转网用户、预测用户）

边：通过 WKNN 建立的用户之间的相似关系、数据本身的亲情关系、因子关系。边的值是用户与用户之间的相似值

图 8-14　用户与用户之间的图谱关系

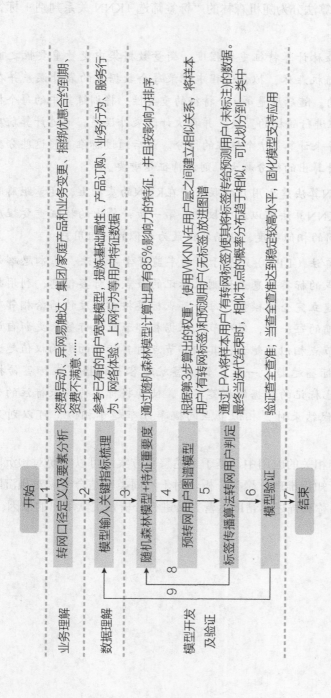

图 8-15 基于知识图谱的用户转网预测流程

整体实现方案算法分为随机森林的"标签筛选 +KNN 关系判别 + 标签传播模型迭代"三部分。

✓ 通过随机森林计算特征重要程度。衡量数据集中变量重要性之前先为数据拟合随机森林，拟合过程中记录每个数据点的袋外误差并在每棵树上取平均。随后度量第 j 个特征的重要性，将训练集中的每个样本的第 j 个特征进行随机的置换，并再次计算袋外误差，通过计算前后袋外误差的差异来计算第 j 个特征的得分。最后通过标准差将这些分数归一化，由此计算出的得分越大，则该特征越重要。

✓ 通过WKNN算法建立用户的联系。在KNN的基础上，度量距离时加入权重。WKNN算法可以基于权重（第一步计算出的特征重要程度）计算用户之间的相似程度，从而找出最为相似的一组用户。

✓ 标签传播算法（LPA）是基于图的半监督学习方法，基本思路是从已标记的节点的标签信息来预测未标记的节点的标签信息，利用样本间的关系，建立完全图模型。每个节点标签按相似度传播给相邻节点，在节点传播的每一步，每个节点根据相邻节点的标签来更新自己的标签，与该节点相似度越大，其相邻节点对其标注的影响权值越大，相似节点的标签越趋于一致，其标签就越容易传播。在标签传播过程中，保持已标记的数据的标签不变，使其将标签传给未标注的数据。最终当迭代结束时，相似节点的概率分布趋于相似，可以划分到一类中。

在对转网预警相关的应用中，基于上述整套方案，可以实现对预沉默属性的重要影响度进行知识推理、聚类分析，对于不同类别结合专家对预沉默用户特征给出类别的名称和描述，帮助运营人员进行分析预沉默用户的原因。

第三篇

运维与安全篇

第9章　AI 与网络智能运维

随着 5G 等技术的发展，网络结构复杂性、技术组件多样性、业务场景多元性越发提高，传统的运维系统及手段已难以适应和满足当前的监控和运维要求，运维模式革新势在必行。以人工智能赋能运维，基于聚合后的大量运维数据，通过机器学习的方式，实现统一、完整、闭环和智能化的运维系统，提高系统的预判能力、分析能力和稳定性，成为大势所趋。

本章在分析 5G 时代运维现状和痛点的基础上，梳理 AIOps 的能力演进路线和关键业务流程，提出智能运维学件三层体系，并重点探讨 AI 技术在指标异常检测、告警根因分析、故障预测、指标预测、知识图谱等领域的应用。

9.1　5G 网络复杂化与运维模式创新

1. 越来越复杂的网络需要运维模式的革新

5G 时代，越来越复杂的网络需要运维模式的革新，可以从 5G 网络自身的复杂性和由 5G 业务带来的 IT 网络复杂性两方面来分析。

首先，从 5G 网络自身的复杂性来看，根据 GSMA 报告，在很长一段时间内，5G 网络将长期与存量的 2G、3G、4G 网络并存，这将为 5G 网络的运营和维护带来挑战。为了支撑 eMBB、mMTC、uRLLC 3 种典型业务场景并保证良好的网络性能，诸如 Massive MIMO、灵活空口等复杂性较高的新技术在 5G 中被引入，以满足峰值速率、频谱效率、低时延、高可靠性、连接密度等更苛刻的技术指标。基于虚拟化和云化理念重新构筑的 5G 核心网在带来资源调度灵活性的同时也增加了网元和接口的多样化，提出了网络统一调度管理的要求，传统网络运维模式存在的问题更加凸显。

其次，5G 业务的快速发展，必将进一步增加现有 IT 网络的复杂性。在 5G 时代，将会有越来越多的设备和软件接入 IT 网络，涉及互联网、金融、物联网、智能制造、电信、电力网络、政府等各行业。随着支撑数字世界的软硬件系统越来越庞大、越来越复杂，传统手段在故障感知、诊断、预防等方面面临挑战，运维对智能化的需求也越来越高。

2. 业务创新加速，对网络智能化程度要求越来越高

5G 时代 B/O 域数据融通将会催生大量的业务创新，业务场景更加复杂。而 eMBB、mMTC、uRLLC 三大业务场景也将过去人与人通信的单一联系模式，逐渐演化为人与人、人与物、物与物的全场景通信模式。eMBB 场景追求的是人与人之间极致的通信体验，强调的是人与人的连接，那么 mMTC 和 uRLLC 则是物联网的应用场景，mMTC 主要是人与物之间的信息交互，uRLLC 主要体现物与物之间的通信需求。

日趋复杂的业务场景，对运营商的 5G 网络和自身的 IT 网络的智能化程度提出了更高的要求，需要网络更加灵活、更具弹性、更为稳定、更加智能，能够满足诸如沉浸式体验、实时交互、情感和意图精准感知等业务场景的网络需求。同时，业务场景的复杂化，也带来了与其配套的网络运营的复杂性，需要通过更加智能化的运维，保障业务正常运转和良好的用户体验。

- ✓ **传统运维工作面临的巨大压力**：5G 商用时代正在开启，数据流量的激增，网络复杂度的不断提升，正在给传统的网络运维工作带来巨大挑战。
- ✓ **传统异常检测方法弊端显现**：一是固定阈值检测指标异常，更新维护成本高；二是阈值过高或过低易造成告警漏报和误报，对人员经验依赖大；三是静态阈值对周期内局部异常不敏感。
- ✓ **告警风暴问题严重**：网络规模日益增大，告警数量急剧增长，告警风暴频发，关键告警信息被淹没在大量冗余告警信息中，难以及时发现并处理。
- ✓ **故障定位效率难以保障**：系统结构日趋复杂，出现故障依靠人工经验及预设规则排查费时、费力，有时还需多部门协同，故障定位和处理效率难以保障。
- ✓ **故障预测难度大**：目前对未来某一时间的故障预测缺乏有效手段，难以提前对系统即将发生的问题进行及时处置和预防。

同时，从价值挖掘需求来看，智能运维也是运维工作的后续重点。目前，运行日志分散在各个系统，相关价值尚未充分体现；运维知识大多依赖人工经

验积累或相关资料查阅，工单和事件等处置知识无自动化沉淀。因此，需要依靠一些自动化和智能化的手段，将运维数据进行聚合和挖掘，对运维知识进行抽取和融合，以发挥更大的价值。可以说，传统运维系统和手段无法满足当前的监控和运维要求，需要引入 AI 技术，通过机器学习的方式，实现统一、完整、闭环和智能化的运维平台，提升运维效率、保障运行质量、降低运营成本。

9.2 AIOps 概述

9.2.1 AIOps概念与关键业务流程

1. AIOps 概念

5G 时代日益复杂化和智能化的网络，要求更加智能化的运维技术。但是传统的运维方式在面对日益复杂的运维问题、海量的运维设备和运维数据时，已经显得越来越无能为力。因此，以人工智能赋能运维，基于已有的大量运维数据（日志、监控信息、资源数据等），通过机器学习的方式，实现统一、完整、闭环和智能化的运维，提高系统的预判能力、分析能力和稳定性，成为大势所趋。

AIOps（Artificial Intelligence for IT Operations，智能化运维）是 Gartner 公司于 2016 年首次提出的理念，经过几年的发展，目前已经成为运维技术发展的必然趋势。根据 Gartner 报告显示，智能运维相关技术产业处于上升期，到 2020 年，近 50% 企业将在业务和 IT 运维方面采用 AIOps。

AIOps，通俗地讲，是对规则的 AI 化，即将人工总结运维规则的过程变为机器自动学习的过程。具体而言，就是针对平时运维工作中长时间积累形成的自动化运维和监控等能力，将其规则配置部分通过机器自学习的方式进行"去规则化"改造，最终达到终极目标：有 AI 调度中枢管理的，质量、成本、效率三者兼顾的无人值守运维，力争所运营系统的综合收益最大化。

智能运维的目标是在非完美的软硬件之上，利用大数据、机器学习和其他分析技术，通过预防预测、个性化和动态分析，直接和间接增强 IT 业务的相关技术能力，实现所维护产品或服务的更高质量、合理成本及高效支撑。其实质就是通过人工智能技术，围绕质量保障、效率提升和成本管理等方向，从简单智能化到完全智能化，最终达到自主式自愈和无人值守的智能化目标。具体的能力演进过程如图 9-1 所示。

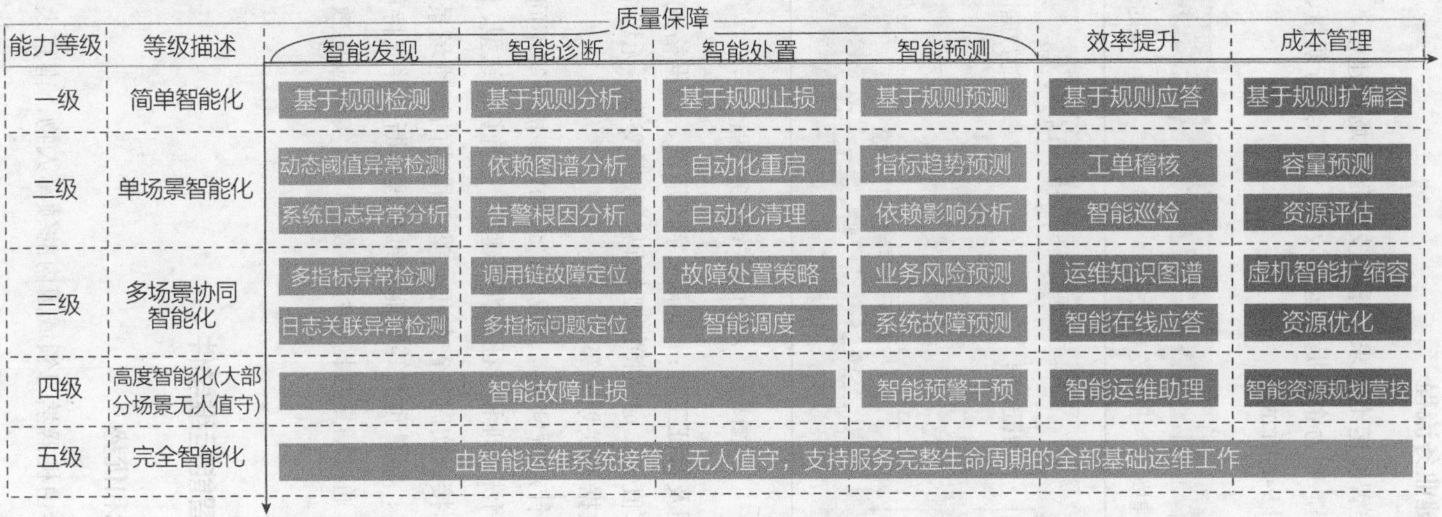

能力等级	等级描述	智能发现	智能诊断	智能处置	智能预测	效率提升	成本管理
		质量保障					
一级	简单智能化	基于规则检测	基于规则分析	基于规则止损	基于规则预测	基于规则应答	基于规则扩缩容
二级	单场景智能化	动态阈值异常检测 系统日志异常分析	依赖图谱分析 告警根因分析	自动化重启 自动化清理	指标趋势预测 依赖影响分析	工单辅诊 智能巡检	容量预测 资源评估
三级	多场景协同智能化	多指标异常检测 日志关联异常检测	调用链故障定位 多指标问题定位	故障处置策略 智能调度	业务风险预测 系统故障预测	运维知识图谱 智能在线应答	虚机智能扩缩容 资源优化
四级	高度智能化（大部分场景无人值守）		智能故障止损		智能预警干预	智能运维助理	智能资源规划管控
五级	完全智能化	由智能运维系统接管，无人值守，支持服务整个生命周期的全部基础运维工作					

图 9-1　智能运维能力演进

2. AIOps 关键业务流程

AIOps 围绕各类智能运维需求，重点支撑运维场景建模、实时推理诊断和模型迭代优化等流程，助力企业提升运维效率、保障运行质量、降低运营成本。其关键业务流程如图 9-2 所示。

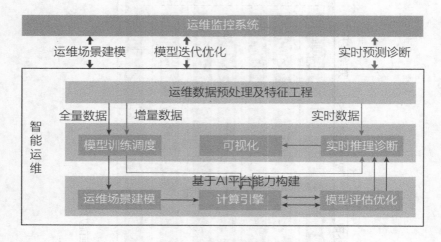

图 9-2 AIOps 关键业务流程

运维数据预处理及特征工程：非需求字段清洗、数据格式清洗转换、缺失值处理、定量特征二值化、定性特征哑编码、数据变换、无量纲化、特征合成、特征选择、降维、数据关联划分等。

运维场景建模：针对质量保障、成本管理和效率提升等不同类型智能运维场景，对样本数据进行清洗处理和特征工程构建后，进行算法选型、模型训练和发布。

实时推理诊断：接入实时生产数据，基于构建的运维场景模型，实现实时异常检测、根因定位、容量预测等智能运维推理诊断，并支持可视化展现。

模型评估优化：通过增量数据、标注数据以及实际应用效果对模型算法及参数进行迭代优化。

9.2.2 AIOps与智能运维学件

1. 学件的概念和优势

学件的概念最早由机器学习领域国内的领军人物，南京大学教授周志华最先提出，"学件是一种性能良好的预训练机器学习模型，其具有一套解释模型意图和 / 或特性的规约。"按照周志华教授的观点，学件（Learnware）＝ 模型（Model）＋规约（Specification）。其中，模型是提前根据特定数据训练好的模型，而规约的作用则主要是用来对模型的改善和优化，使之更加适应和满足当前的业务需求场景。

学件在使用上，特别适用于那些需要 AI 模型进行快速注智赋能的业务场景，学件有效解决了在具体的业务模型建设过程中，数据安全保障少、算法专家不足、模型建设效率低、模型解释性差等一系列问题。

首先，学件中的模型部分，只提供依据特别数据训练好的模型（包括模型的网络结构、模型训练参数等），但不提供直接的业务数据，有效解决了数据安全问题。

其次，这些模型是通过专家多次反复调优的，具备高度的可重用、可演进的优势，在实际使用时，可以快速进行调用，满足业务场景的快速注智需求。同时，使用这些高度优化后的模型，也有效解决了实际生产中，算法专家和模型专家不足的问题。

最后，学件中的规约部分，具备高度的灵活性和场景针对性，可以有效弥补单纯依靠通用模型带来的模型解析差、模型针对性不足的问题，进而更加适应实际的生产业务需求。

2. 智能运维学件

而真正让学件这一概念充分发挥其价值的，是在智能运维领域，这是因为智能运维的业务场景，智能运维学件正是通过将面向通用场景的 AI 模型和面向特定业务问题的业务规约进行整合，有效满足智能运维过程中复杂多变的业务需求场景。智能运维学件指的是，针对运维场景智能化解决方案，将模型训练、推理和数据获取、处理、存放等进行规约后形成的能力单元，具有可重用、可演进、可了解、可共享的特征。

可重用：基于运维学件能力，在新的应用场景中，基于实际样本数据在不调整或少调整模型参数、规则策略的情况下完成数据接入处理、模型迁移学习、在线推理等。

可演进：可基于增量数据、标注数据和学件评估结果等，进行模型和规则迭代优化。

可了解：明确运维学件能解决的问题、能力提供方式、评估方法、资源要求等。

可共享：可作为平台能力一部分，通过能力开放，支撑多系统、多实例的同时调用。

智能运维学件的构建必须以需求为导向，紧紧围绕质量保障、成本管理和效率提升等智能运维的业务场景，形成**算法模型—基础学件—场景学件**三层学件体系，来满足智能运维不同的业务需求，具体如图 9-3 所示。

其中，算法模型层，不具备业务属性，主要为智能运维业务场景提供底层的基础算法能力，如异常检测算法、聚类算法、趋势预测算法等。基础学件层，具有通用的业务属性，解决的是智能运维场景中通用的业务场景。为方便读者理解，举一个指标异常检测的例子，异常检测是一个通用性较强的业务场景，具体可以涵盖主机性能异常检测、资源使用异常检测等非常具体的业务需求场景，主机性能异常检测和资源使用异常检测的业务需求是有明显差别的，但在业务归类上，都属于指标异常检测问题，通过基础学件层的高度抽象，可以将高度个性化的业务场景抽象出几大类通用能力，进而简化学件开发工作，方便使用者快速对业务问题进行准确定位。场景学件层，则具有专用的业务属性，针对解决某一具体问题而开发。还以异常检测为例，在明确要进行主机性能的异常检测时，可以直接调用已经开发好的主机性能异常检测学件直接进行快速应用。

9.3　应用于智能运维中的 AI 技术

9.3.1　基于动态阈值的网络运维异常检测

1．基于动态阈值的时序指标异常检测

在网络运维领域中，对业务指标进行时序数据异常检测是一种典型的场景。通常，业务指标的时序数据会表现出较为明显的运行规律，一旦出现异常，则说明业务的运转出现了问题，需要进行及时解决和处理。对时序数据的异常检测，传统的方式多以人工设定固定阈值为主，为了尽可能提高异常检测的准确

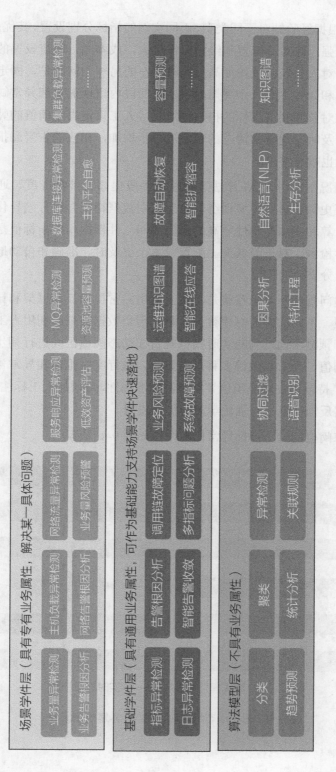

图 9-3　智能运维学件体系

场景学件层（具有专有业务属性，解决某一具体问题）

业务层异常检测	主机负载异常检测	服务响应异常检测	数据库连接异常检测	集群负载异常检测
业务告警根因分析	网络告警根因分析	网络流量异常检测	MQ异常检测	主机平台自愈
		业务量风险预警	资源池容量预测	……

基础学件层（具有通用业务属性，可作为基础能力支持场景学件快速落地）

指标异常检测	告警根因分析	业务风险预测	运维知识图谱
日志异常检测	智能告警收敛	调用链故障定位	容量预测
		多指标问题分析	智能在线应答
		系统故障预测	智能扩缩容
			故障自动恢复

算法模型层（不具有业务属性）

分类	聚类	异常检测	协同过滤
趋势预测	统计分析	关联规则	语音识别
			因果分析
			特征工程
			自然语言(NLP)
			知识图谱
			生存分析
			……

205

性,需要人工根据经验针对不同类型、不同实例的指标分别设置。其优点是简单、直接、操控性强;缺点是配置和维护工作量大,成本高,阈值设置的高低影响告警准确性,对人员经验依赖度高。同时存在的另一个问题是,固定阈值的方式缺乏灵活性和弹性,对一个周期内个别时间段内出现的局部异常缺乏灵敏反应。随着监控对象和相关指标的指数级增长,人工设定固定阈值的弊端就更加明显,准确、及时发现异常情况的难度进一步增加,相应的告警漏报、误报和告警风暴问题也越发突出。

在这种情况下,引入 AI 算法等智能化手段提高告警精准度,通过机器学习对大量的历史数据进行模型训练,自动识别数据特征并进行差异化建模,根据算法自动计算和输出准确性更高的阈值区间,并根据相应指标值是否在阈值区间进行异常检测,对于降低人工配置成本,更及时、准确和自动地发现异常问题,具有十分重要的价值。

解决上述问题的基本思路就是,建立通用异常检测流程框架和计算引擎,针对不同类型、不同实例的时序数据,基于历史数据特征,利用人工智能的算法进行训练和预测,通过判断实时指标是否在动态阈值区间进行初步诊断,同时叠加静态阈值、异常收敛等多种规则策略,进行实时推理和异常告警精准发现。同时,为了持续提高动态阈值异常检测的准确性,可增加人工标注反馈环节,自动化地根据反馈信息进行强化学习、优化模型。

基于动态阈值的时序指标异常检测流程如图 9-4 所示。

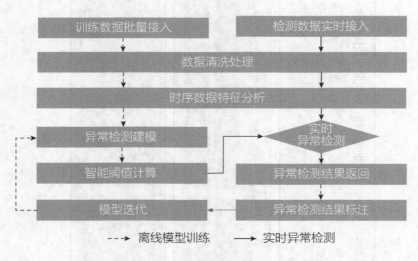

图 9-4　基于动态阈值的时序指标异常检测流程

异常检测中涉及的技术如下。

(1)数据源接入

动态阈值异常检测支持分钟、小时、天、月等时间粒度的时序数据,需至少包括实例 ID(可由多个属性组合)、训练指标数据(如一次接入多个指标则生成多个训练任务)、指标数据时间和数据频度等字段。模型训练流程中,以文件方式批量接入时序指标数据,实时异常检测流程中以消息、API 等方式发起实时异常检测请求。

(2)数据预处理

对接入的时序数据,进行必要的数据清洗、转换、去重、数据探索等工作,如数据不满足需求,可需重新对数据进行提取。

(3)数据特征工程

对经过初步数据预处理的时序数据,进行包括特征提取、特征衍生、特征降维等一系列操作,降低数据复杂度,突出数据核心指标和数据特征,并进行提取。

(4)异常检测模型

根据数据特征分析结果,结合业务理解,初步形成这些数据可能存在异常的几种情况,并针对每一种情况,根据数据和业务特征,分别建立异常检测分类模型库。

(5)异常检测引擎建立

结合业务知识,对第(4)步建立的异常检测分类模型库进行优化修正,相当于将机器学习通过对历史数据和拟合效果确定的动态阈值,叠加一定的由专家经验的阈值范围,形成不同时间节点的动态阈值区间的过程。

(6)实时异常检测

时序指标数据实时接入并进行预处理后,根据检测指标是否落在预测出的该时间点的动态阈值区间,并且叠加策略进行综合智能异常诊断。

(7)人工稽核

运维人员根据经验和实际情况对动态阈值异常检测方案诊断出的结果进行人工稽核,进行标注并反馈,系统根据标注结果对相应数据是否纳入训练进行调整,从而实现强化训练。

2. 在智能运维业务场景中的实际应用

Z 公司的 HAproxy 已部署在上百台机器,负责调度 2000 多个部署在

Docker 环境下的应用实例，由于每个实例的响应时延数据波动情况不同，传统的静态阈值的检测方法并不适用，阈值过高漏告警，阈值过低误告警，且固定阈值维护工作量太大，维护成本过高。因此需要通过智能化手段提高告警精准度，大幅降低人工配置成本。

针对这种情况，Z 公司决定引入 AI 能力，通过基于动态阈值的方法检测 HA 集群在运行过程中出现的异常情况。

第一，对现有 HA 应用响应时延文件的解析，包括文件的目录信息、文件名称，以及具体的文件内容，包括时间和响应时延数据，以及明确的数据单位信息等。

第二，对现有数据进行必要的预处理工作，包括对缺失值、重复值和无业务意义的数据进行删除或替换等工作，为下一步的模型建设和优化工作做好准备。

第三，依据模型进行模型训练和优化。主要完成动态阈值的计算，并基于业务经验，以及通过测试数据完成模型上线前的优化和迭代，使模型有更好的泛化能力。

第四，实时诊断。实时诊断实际值是否在阈值范围进行判断，输出异常结果，对于 HA 应用异常检测只做超上线判断。

通过基于动态阈值的异常检测，Z 公司极大提升了智能运维工作的效能。

- ✓ 通过数据驱动模型训练，持续学习和更新模型，自动适应HA时延数据的新变化。
- ✓ 自动识别数据变化周期和趋势特征，解决人工无法判别的难点。
- ✓ 基于指标类别输出千人千面的动态阈值，省去人工配置固定阈值工作量，消除配置不科学性。
- ✓ 人工标注异常检测结果进行模型二次学习，修正预测精度。
- ✓ 提供多种灵敏度的阈值范围，适配各类敏感度的指标检测。
- ✓ 支持定义多种预测规则，响应各类异常模式。

截至 2020 年 7 月，Z 公司已实现近 1800 个 HA 重点应用实例的自动化异常检测功能，自动化周期性从 Hive 库抽取全量数据做模型训练和抽取增量数据做周期性训练，并从 Kafka 消费数据做实时异常检测和异常聚合回写功能，查全率 100%，查准率 90%，成功准确预测了多次生产故障。如图 9-5 所示为某一异常检测效果示意。

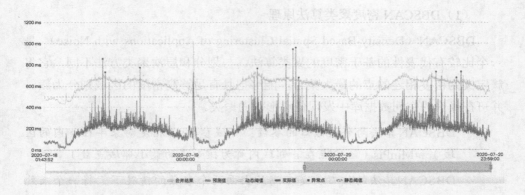

图 9-5　HA 性能指标异常检测效果

9.3.2　基于DBSCAN和Apriori算法的传输网告警根因定位

1. DBSCAN 和 Apriori 算法与传输网告警根因定位

随着网络业务与技术的发展，传输网网络规模日益增大，网络结构日趋复杂，造成网络业务产生的告警数量急剧增长、告警关联关系异常复杂。传统的故障定位手段（静态告警 RCA 规则）在日益变化的网络结构下，已经无法满足快速定位故障的需求。同时由于缺少海量告警间复杂关联关系的多维分析方案，以及基于机器学习的便捷、可视分析工具，对频繁出现的告警业务无法快速定位根因，也无法对海量告警进行有效的压缩，人工处理工作量巨大，导致故障派单准确率低、故障处理效率低下。

因此，需要采用大数据与机器学习技术，通过人工智能技术对告警数据进行分析建模，实现告警 RCA 规则动态挖掘，从而实现故障快速根因定位和告警压缩，提升运维效率、保障运行质量、降低运营成本。

其中，密度聚类和关联规则算法是实现告警根因定位的核心算法，是整个告警根因分析应用中的关键技术。

2. 密度聚类确定告警关联

通过构建密度聚类分析模型，实现告警自动划分，将同一主告警产生的大量次告警划分到同一类，避免不相干的告警产生干扰。

（1）DBSCAN 密度聚类算法原理

DBSCAN（Density-Based Spatial Clustering of Applications with Noise） 是一个比较有代表性的基于密度的聚类算法。与划分和层次聚类方法不同，它将簇定义为密度相连的点的最大集合，能够把具有足够高密度的区域划分为簇，并可在噪声的空间数据库中发现任意形状的聚类。

✓ DBSCAN算法两个最核心的参数：邻域参数ε（指定对象半径 ε 内的区域）和MinPts（给定点在 ε 邻域内称为核心点的最小邻域点数）。

✓ DBSCAN算法的核心就是在满足上面两个参数的情况下，将一个未处理过的核心对象，找到由其密度相连的样本生成聚类"簇"。

DBSCAN 算法示意如图 9-6 所示。

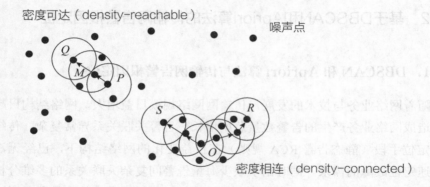

图 9-6　DBSCAN 算法示意

（2）基于 DBSCAN 密度聚类实现告警聚类

通过 DBSCAN 密度聚类算法实现告警聚类，是确定那些经常在一起共同出现的业务告警。在具体的实现上，需要对告警的时间维度和空间维度，都纳入聚类要考虑的范围之内。

假设我们有表 9-1 所示的告警关系数据。

表 9-1　告警数据示例 -1

告警时间	告警 ID
8：00：00	$A1$，$A2$，$B2$，…
8：00：01	$B2$，$C1$，$C2$，…
8：00：04	$A1$，$C1$，…
8：00：05	$A3$，$A4$，$B1$，$B4$，…

可以通过密度聚类来确定不同的告警 ID 是否属于共同出现的告警 ID，如图 9-7 所示。

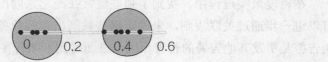

图 9-7 基于密度聚类的告警 ID 聚类结果

可以看到，不同的告警 ID 按照时间维度被聚为不同的类别。

3. 关联规则确定告警主次关系

采用关联算法，分析所有的二元频繁项集，通过最小置信度、提升度导出告警关联规则对，确定告警主次关系。

（1）关联规则算法原理

关联规则的是在一个数据集中找出项与项之间的关系，也被称为购物篮分析。关联规则挖掘过程主要包含两个阶段：第一阶段必须先从资料集合中找出所有的高频项目组（Frequent Itemsets）；第二阶段再由这些高频项目组中产生关联规则（Association Rule）。

关联规则的核心概念：

✓ **项集**：包含0个或者多个项的集合称为项集（Item Set）。

✓ **支持度**：数据集中该项集出现的次数（Support）。

$$\text{support}(A,B) \geqslant \text{THR}_{\text{support}} \tag{9-1}$$

✓ **置信度**：出现某对象时，必定出现另一些对象的概率（Confidence）。

$$\text{confidence}(A \to B) = \frac{\text{support}(A,B)}{\text{support}(B)} \geqslant \text{THR}_{\text{confidence}} \tag{9-2}$$

✓ **提升度**：对象之间相互独立出现的程度（Lift）。

$$\text{Lift}(A \to B) = \frac{\text{support}(A,B)}{\text{support}(A) \times \text{support}(B)} \geqslant \text{THR}_{\text{lift}} \tag{9-3}$$

简单来讲，关联规则就是在满足最小支持度情况下事务之间的关联规则，这种关联规则可以是有方向的，也可以是无方向的，根据具体场景来确定是否在提取规则时候关注规则的方向。

（2）基于关联规则算法实现告警主次关系判别

在密度聚类过程中，找到了那些经常在一起共同出现的业务告警。那么就可以进一步通过关联规则，来确定这些共同出现的业务告警的主从关系，即哪类告警是引发其他告警的告警原因，进而达到判断告警主次关系的目的。

假设有表 9-2 所示告警 ID 的相关数据。

表 9-2　告警数据示例 -2

二 元 项 集	支 持 度
A1A2	100
A1A3	80
A2A3	90
B1B2	2

通过关联规则，假设得出如下两条规则：

$$P(A1 \rightarrow A2)=P(A1A2)/P(A1)>最小置信度$$
$$P(A2 \rightarrow A1)=P(A1A2)/P(A2)<最小置信度$$

那么可以得出，在 $A1$ 和 $A2$ 两个告警 ID 中，$A1$ 更可能是引发告警的主要原因。

当然，在实际的应用中，还需要基于概率统计实现主次关联规则泛化，同时还需要基于告警发生或清除时间实现告警主次关系修正和调整，在此不再进行赘述。

4．在智能运维业务场景中的实际应用

随着 2015 年 4G 业务大规模上线和 2018 年不限量套餐的上线，H 公司网络用户流量急剧增加，传输网的压力日益加重，导致设备告警量急剧增加，给运维保障带来巨大压力；同时随着业务需求的日趋多样化，传输技术也百花齐放，SDH、PTN、OTN、PON 以及包括 5G 的 SPN 技术等在传输网网络中大量应用和相互组网，导致传输网络的拓扑是通信网络中最为复杂的网络，网络分析的难度巨大；急需海量告警间复杂关联关系的多维分析方案；同时传统的故障定位手段（静态告警 RCA 规则）在日益变化的网络结构下，已经无法满足快速定位故障的需求，网络拓扑尤其传输网，关系复杂且准确性不高，参考价值有限。

H 公司希望能够通过智能运维，实现如下目标：

✓ 利用人工智能算法和大数据挖掘技术，通过海量数据寻找告警之间的主次关联，压缩次告警输出主告警，提升运维效率和质量。

✓ 规则实时更新，不会由于现网拓扑架构的改变而导致规则老旧不适用，保持规则的时效性、适用性。

✓ 告警压缩比100∶1，将海量的告警量压缩到人工可以处理的范围。

✓ 拓扑依赖度低，可拓展性强，可以很好地推广应用到其他省份。

5.　解决方案

依托现有故障管理系统，以解决实际运维问题为目的，基于机器学习及大数据挖掘技术提升方案的有效性，提出基于密度聚类和大数据挖掘的传输网批量告警根因分析方法。

首先，基于机器学习实现告警片划分。构建聚类分析模型，实现告警自动划分，将同一主告警产生的大量次告警划分到同一类，避免不相干的告警产生干扰。

其次，告警主次关联大数据挖掘。基于大数据关联挖掘，通过支持度、置信度、提升度三维剪枝，实现告警主次关联规则自动生成。

最后，通过概率统计分析实现主次规则泛化。通过概率统计分析整合相同网元类型的不同主次告警对，达到规则泛化的目的，使主次告警主次关联规则能够应用到更多场景。

6.　应用效果

依托基于 AI 能力的智能运维，H 公司在跨域智能告警根因分析工作中取得了良好的效果。

首先，降低了对告警网络拓扑性的依赖。该公司当前的告警分析方法包括人工经验规则库、质心算法、调用链分析等对于拓扑的依赖性都很强，但由于网络拓扑的欠缺，造成很多场景算法不适用。而基于密度聚类和大数据挖掘的解决方案，主要通过告警发生的时间频次来分析，拓扑的应用主要在于规则的校验筛选，依赖度低，可以很好地适用于现网的单域分析、跨域分析。

其次，规则实时更新保证规则的实效性、适用性。人工经验规则库存在随着现网拓扑的多变导致规则老旧不适用，当前提出的基于密度聚类和大数据挖掘的解决方案，每日（小周期）增量地学习新的告警，迭代更新，同时每半年（大周期）重新调整训练规则，可以很好地保持实效性、适用性。

最后，算法可扩展性强。算法所需的输入以告警（告警标题、网元名称、告警发生时间、网元类型等）为主、拓扑为辅，通用性更好。算法依赖的算法密度聚类、大数据挖掘，皆为 Python 具备的算法包，不需要 GPU 处理，CPU、内存、存储占用资源量小，一天全量 300 万数据运行，整体运行时间为 30 分钟左右。

根据 H 公司传输网 2019 年 7 月到 8 月的数据显示，告警根因分析的主次规则准确率超过 85%。

9.3.3　集成学习算法与网络故障预测

海恩法则指出，每一起严重事故的背后，必然有 29 次轻微事故和 300 起未遂先兆以及 1000 起事故隐患。按照海恩法则分析，故障的出现一般不是突然的，以网络故障举例，往往从丢包开始到网络不可用有一个演变的过程。因此我们在故障发生后，在处理故障本身的同时，还需要及时对该类问题的"事故征兆"和"事故苗头"进行分析，当再次出现类似征兆和苗头时及时预警，消除再次发生该类事故的隐患，把问题解决在萌芽状态。然而，人工或传统的分析方法很难基于复杂的系统结构和超大的信息量进行分析挖掘和故障预判。这就需要引入 AI 技术，将网络历史告警数据和对应时间内的关键性能数据进行关联挖掘，自动发现故障和指标裂化之间的相关性；当实时性能指标出现裂化或呈现相应趋势特征时，及时对网络故障进行提前预警，避免服务受损。

网络故障预测的整个方案需要多个算法的集成，涉及两个关键技术：一是基于历史数据进行 KPI 和告警关联分析；二是基于实时关键指标数据进行趋势预测和故障预警。

1．KPI 和告警关联分析

基于网络告警和相关时序指标的历史数据，分析各个指标的数据特征与是否发生告警有无关系，可从两个方面进行：秩和检验量化分析，以及特征重要性分析。

秩和检验通过将两组数据混合后排序，将每个序列值在序列中的次序称为秩，分别将两组数据的秩相加得到两组数据的秩和，若两组数据同分布，则秩和不应过大也不应过小。通过秩和检验来判断告警发生时刻周围数据与未发生告警时刻的数据分布是否相同，相关特征是否可以作为判断故障是否发生的特征之一。

特征重要性根据该特征每次作为分裂点时获得的增益总和除以所有特征的增益总和计算得出。将经过秩和检验筛选后的指标传入构建的告警关联分析模型后，可输出指标重要性，进而得到与告警高度相关的关键指标。

告警关联分析属于多标签问题，即每个样本数据可能对应多个标签，通过对每一个类告警做一个二分类，判断此类告警是否发生，进一步可实现故障预测。分类方法可选取 GBDT、XGBoost 和 Lightgbm 等。这里以 XGBoost 为例进行说明。

XGboost 是对梯度提升算法的改进，是一种以决策树为基学习器的串行集成算法，目标函数同时考虑了损失函数与树的复杂度：

$$\text{Obj} = \sum_i l(\hat{y}_i, y_i) + \sum_k \Omega(f_k) \tag{9-4}$$

式中：$\Omega(f) = \gamma T + \dfrac{1}{2}\lambda \|\omega\|^2$。

原目标函数经过泰勒公式二阶展开后，求得最优目标函数为：

$$\text{Obj} = -\frac{1}{2}\sum_{j=1}^{T} \frac{\left(\Sigma_{i \in I_j} g_i\right)^2}{\Sigma_{i \in I_j} h_i + \lambda} + \gamma T \tag{9-5}$$

每次分裂获得的增益为：

$$\text{Gain} = \frac{1}{2}\left[\frac{\left(\Sigma_{i \in I_L} g_i\right)^2}{\Sigma_{i \in I_L} h_i + \lambda} + \frac{\left(\Sigma_{i \in I_R} g_i\right)^2}{\Sigma_{i \in I_R} h_i + \lambda} - \frac{\left(\Sigma_{i \in I} g_i\right)^2}{\Sigma_{i \in I} h_i + \lambda} \right] - \gamma \tag{9-6}$$

每次选取的分裂点为增益最大的点，即：

$$\max\left[\frac{\left(\Sigma_{i \in I_L} g_i\right)^2}{\Sigma_{i \in I_L} h_i + \lambda} + \frac{\left(\Sigma_{i \in I_R} g_i\right)^2}{\Sigma_{i \in I_R} h_i + \lambda} - \frac{\left(\Sigma_{i \in I} g_i\right)^2}{\Sigma_{i \in I} h_i + \lambda} \right] \tag{9-7}$$

2. 故障预警

关键指标确定后，需要在实际场景中对这些关键指标进行密切关注，一旦其趋势呈现故障特征，即需尽快采取措施消除隐患。

首先，需要对关键指标进行趋势预测。时序指标趋势预测的方法有很多，包括 ARIMA、Holt-Winters、ETS、LSTM 等，每种算法有各自的特点和适用范围，需要根据不同的数据特征进行选择。具体可参考 9.3.4 节的相关说明，在此不再赘述。

其次，基于提前训练的告警关联预测模型，结合在线预测的各关键指标的趋势特征，对可能发生的告警、故障进行预判，并及时发出预警信息。

9.3.4　时序算法与网络黄金指标预测

网管等实时监控系统中所处理的数据通常具有时间特征，是将某种统计指标的数值按照时间先后顺序排列的，因此被称作时间序列数据。通过分析这些时序数据所反映出来的发展过程、方向和趋势，可进行类推或延伸，借以预测下一段时间可能达到的水平。时间序列预测可适用于网络运维管理的多个场景，如分析挖掘某一特定无线区域的网络性能指标的潮汐性，并做出趋势预测；通过分析预测某些关键指标变化趋势，进一步预测网络拥塞发生概率等。

时间序列预测因应用场景的不同，可分为单维指标时序预测和多维指标时序预测。单维指标时序预测需要根据不同的数据特征和不同的预测周期选取不同的算法和策略。多维指标时序预测则需要根据多个指标的相关性分析和特征提取进行关联预测。

从网络运维来看，时序数据特征通常可以划分为如下几个方面：

✓ 趋势性：数据呈现某种持续向上或向下的趋势或者规律。

✓ 周期性：数据按一定时间段周期循环波动。

✓ 阶梯性：数据连续一段时间内取值相同，阶梯性变化。

✓ 随机性：数据随机变动，不具有规律性。

常用的单位指标预测算法包括 ARIMA、Holt-Winters、ETS、LSTM 等。

（1）ARIMA

ARIMA（差分自回归移动平均模型）是将非平稳时间序列转化为平稳时间序列，然后将因变量仅对它的滞后值以及随机误差项的现值和滞后值进行回归所建立的模型。ARIMA (p,d,q) 中，AR 是"自回归"，p 为自回归项数；MA 为"滑动平均"，q 为滑动平均项数，d 为使之成为平稳序列所做的差分次数（阶数），相关模型可表示为：

$$\left(1-\sum_{i=1}^{p}\phi_i L^i\right)(1-L)^d X_t = \left(1+\sum_{i=1}^{q}\theta_i L^i\right)\epsilon_t, d\in Z, d>0 \qquad (9\text{-}8)$$

式中：L 为滞后算子（Lag Operator）。

ARIMA 模型根据原序列是否平稳以及回归中所含部分的不同，包括移动平均过程（MA）、自回归过程（AR）、自回归移动平均过程（ARMA）以及 ARIMA 过程。

ARIMA 的数学原理相对简单，只需要内生变量，不需要外生变量。通过过去的若干数据点加上某个随机变量（通常是白噪声）可以预测下一个数据点。预测数据点可以进一步来生成新预测，以此类推，它的效果是让信号变得更平滑。但正因为 ARIMA 模型是在平稳的时间序列基础上建立起来的，因此时间序列的平稳性是 ARIMA 建模的重要前提，本质上只能捕捉线性关系，不适用于非线性关系的时序数据。

（2）Holt-Winters

Holt-Winters 是三次指数平滑法，适用于含有线性趋势和周期波动的非平稳序列，分为加法模型和乘法模型。该方法利用指数平滑法让模型参数不断适应非平稳序列的变化，并对未来趋势进行短期预报。Holt-Winters 方法在 Holt 模型基础上引入了 Winters 周期项（也叫作季节项），可以用来处理星期数据、月度数据、季度数据等时间序列中的固定周期的波动行为。引入多个 Winters 项还可以处理多种周期并存的情况。

（3）ETS

ETS（Error，Trend and Seasonality），实际上是一个系列的算法，由 Error、Trend 和 Seasonality 3 个方法组成，可以任意组合，可理解为是 Holt-winter 算法的增强版，主要优点就是能够检测季节性模式和置信区间，还可以预测有季节性且在每个周期内幅度有变化的序列，同时对非趋势性和非周期性数据也有好的表现，但对长期预测趋势偏差较大。

（4）LSTM

LSTM（Long Short-Term Memory），该模型是长短期记忆网络，是一种时间循环神经网络，适合于处理和预测时间序列中间隔和延迟相对较长的事件。LSTM 是 RNN 的变型，区别在于 LSTM 在算法中加入了一个判断信息是否有用的"处理器"，被这些处理器作用的结构称为记忆单元（Memory Cell），在一个 Cell 中放置了三扇门：遗忘门（Forget Gate）、输入门（Input Gate）和输出门（Output Gate）。当一个信息进入 LSTM 后，可以根据规则来判断其是否有用，只有服务算法认证的信息才会留下，不符合的信息则通过遗忘门被遗忘。相对于现有的预测算法，LSTM 对监控数据的预测准确性较高，它充分考虑到时间记忆，符合时序数据的特点，但由于需要基于数据多层循环网络进行学习，相比 Holt-Winters、ARIMA、LSTM 资源消耗较高、耗时较长。具体方法选择时需要根据场景进行权衡选择。

9.3.5 基于异构知识关联的运维知识图谱构建

在运维场景中，运维人员主要关注运维过程中出现的故障现象、故障原因以及相应的故障解决方案。通常运维人员通过结构化（如告警、指标等）、半结构化（如配置、日志、规范化产品文档）数据来归纳出故障现象，然后翻阅相关的说明文档、非结构化（如实践手册、故障案例、分享帖子）对故障原因进行判断，再根据以往的业务经验总结出故障的解决方案。在这个过程中运维人员结合来自各方面的知识进行业务分析，由此可见一个好的智能运维机器人离不开知识库的构建。

然而构建知识库并不是一件平凡的事情。我们的知识来源于 Support 网站的产品文档，运维专家的维护文档，发生告警故障时的现网抓包数据，现网环境的配置文档数据，运维专家的经验沉淀文档或者故障传播知识采集等。这些数据包含了结构化、半结构化与非结构化的数据，如何将这些数据在统一的框架下表示出来，并且对于计算机易读，成为了一个重要的问题。在此我们选用知识图谱的技术来解决这个问题，因为知识图谱描述形式统一，便于不同类型知识的集成与融合，并且基于图结构的数据格式，便于计算机系统的存储与检索。

在构建知识图谱的时候，我们关注 3 个核心问题：

✓ 如何从非结构化的数据中提取结构化的知识。

✓ 在从非结构化的数据中提取知识时如何和知识图谱中已有的知识做对齐，以减少知识图谱中的数据冗余。

✓ 当新的数据出现时，如何从数据中自动构建新的 Schema。接下来我们针对这 3 个问题依次给出相应的方案。

对于第一个问题我们采取的对策是先对非结构化数据进行实体—关系抽取，从而获得结构化的知识。实体抽取也就是命名实体识别，包括实体的检测（Find）和分类（Classify）关系抽取。通常说的三元组（Triple）抽取，包括一个谓词（Predicate）带两个形参（Argument），如 Founding-location（IBM，New York）。为了解决传统 Pipeline 方法（也就是先进行实体抽取，再进行关系抽取的方法）带来的实体对冗余、误差累积的问题，我们采取联合抽取的方法。使用 LSTM-RNNs 加上依存树来进行实体—关系抽取，和一般的有监督学习采用的关系分类方式不同，建立在依存树的方法可以自动生成候选关系，并且 Sequence Layer 层的输出上还加了上一时刻的 Label Embedding，可以兼顾上一个词的 Label 对于下一个词的影响。但劣势也相当明显，由于是有监督方法，对数据质量的要求相对较高，建立在依存树的方法对于长文本效果有限。

在实际生产中，有时很难获取到非常优质的数据，大规模标注也很浪费人力。我们会使用无监督的 OpenIE 方法进行关系抽取，这可以解决我们讨论的第三个核心问题。无监督学习一般利用语料中存在的大量冗余信息做聚类，在聚类结果的基础上给定关系，但由于聚类方法本身就存在难以描述关系和低频实例召回率低的问题，因此无监督学习一般难以得到很好的抽取效果。好在运维场景的数据量一般不会很少，所以实体对频率较低的问题一般不会造成很大的影响。但是会提取出大量的有相同含义的关系，因此我们必须要对此进行知识融合。这也就是我们讨论的第二个核心问题，采用 Universal Schema 的框架进行非结构化数据和结构化数据的知识融合。Universal Schema 一般用于处理知识库文本中的关系抽取问题，通过 Entity Pair 将粗文本规范化，而后得到实体之间的关系表示。这种关系可以是知识库的 Relation，也可以是大语料中两个实体间存在的某种模式（Pattern）。利用这种方法，可以将粗文本中的"实体—关系—实体"通过模式的形式呈现出来，作为后一步 Embedding 的基础。记忆神经网络就是在常规的 Attention 模型基础上，添加额外的记忆信息保存和引用机制（Memory slot），在知识问答中的一个常规用法是将知识库三元组放入记忆槽（Slot）中，本文则是将文本获取到的实体模式也作为三元组放入其中。Universal Schema 将文本与知识库知识投影在一个通用空间中，作为融合知识存在，也就是模型的外部记忆信息，架构如图 9-8 所示。

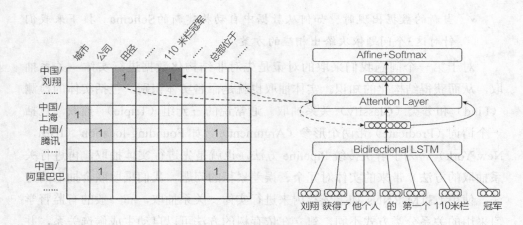

图 9-8　统一图数据库构建架构

统一数据库架构将结构化的或者非结构化的数据投影到同一个向量空间中，进行实体关系对齐。图 9-8 中的矩阵中的颜色深度表示了注意力的权重。

第10章 AI 与机房智慧管控

5G 时代带来"高速率、低延迟、广联接"的好信息，给企业信息化管理带来了高效的数据传输与处理能力。企业的信息化管理离不开计算机机房、通信基站、配电房的建设与管理。作为各单位信息交换、存储的枢纽，科学地实现企业数据中心机房的管控尤为重要。

根据 Gartner 的说法，物联网（IoT）对数据中心市场、客户、技术提供商、技术以及销售和营销模型都具有潜在的变革性影响。Gartner 估计，2020 年物联网产品和服务供应商将产生超过 3000 亿美元的增量收入，主要用于服务方面。物联网部署将生成大量数据，需要实时处理和分析。随着数据中心工作量和实时处理大量物联网数据的比例增加，提供商将面临全新的安全性、容量和分析的挑战。数据中心运营和提供商将需要部署更多具有前瞻性的容量管理平台，其中包括将 IT 和运营技术（OT）标准与通信协议保持一致的数据中心基础架构管理（DCIM）系统方法，以便能够根据优先级和业务需求主动提供产品工具。

本章内容主要包括 3 节：10.1 节主要介绍 5G 时代对中心机房的智慧管控需求；10.2 节会系统和全面描述 5G 时代机房智慧监控的主要维度；10.3 节则通过具体的案例部分，详细描述应用于机房智能化中的 AI 技术。

10.1　5G 时代的中心机房智慧管控

关于机房管理，首先容易想到的是计算机相关的软硬件系统方面的管理，比如黑客非法入侵、网络故障、数据备份等方面。实际上，机房作为一个由电路系统和工程设备密集部署的建筑单元，机房的管控理应包括各种物理指标的监控管理和工程风险，比如机房的温度、湿度，电力系统不稳定等，还有机房安全措施存在不完善致使非核心工作人员进出机房操作，因此造成的隐患、故障而引发的机房事故，导致不必要的经济损失等。管理维护方要针对机房所有的设备及环境进行集中监控和管理，24 小时实时对网络运行环境的电力供应、温度、湿度、空气含尘量等诸多环境变量，UPS、空调、新风等诸多设备运行状态变量进行监测与智能化调节控制。在施工建筑阶段，就须实现全面的监测布点，构建全方位的设备安全保障体系，多方面应对安全事件发生。

除此之外，机房作为提高数据存储和计算能力的数据中心，机房计算资源的分配调度、计算资源层面上的负载均衡也是现代机房智慧化管理需要囊括的重要组成部分。通过战略性部署并与已有的人为经验和监督相结合，人工智能技术可以为下一代数据中心带来一系列新的效率。无论是维护自己的内部数据中心，还是仅依赖于异地数据中心，IT 专业人员都需要确保其服务器具备应付各种新兴技术所带来的日益增长的需求，未来能将这些技术（从云计算到大数据再到人工智能）的革命性潜力整合到其数据中心基础架构中。如图 10-1 所示是一个 STULZ 提供的小型数据机房方案示例。实际上，Gartner 预测，到 2020 年，超过 30% 的数据中心机房将因未对 AI 应用做好准备或者是改进方案在经济上不可行而不能继续运营下去。鉴于这一鲜明的现实，公司和第三方供应商都必须进行投资以期得到充分利用这些新兴技术的解决方案。

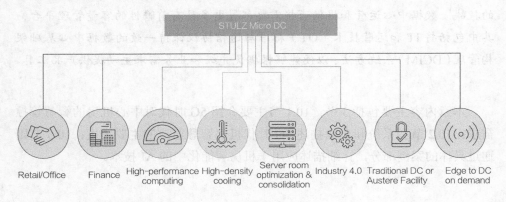

图 10-1　STULZ 提供的小型数据机房方案示例

综上，对于数据中心机房的智慧解决方案，通常需要综合集成环境监测管理、安防监测管理、告警监测管理以及运维管理等功能，结合 IoT 技术收集的大量数据，辅以人工智能技术，帮助维护人员实现维护成本的降低、运维管理的加强、资源分配的均衡，从而能够有效地保障机房安全，合理利用机房资源。

10.2　机房资源调度与监控管理概述

10.2.1　机房环境物理指标

数据中心机房作为一个依靠水电网的建筑单元，全年、全天不间断运行的计算机系统对于所处环境的物理指标的监测至关重要。

通常服务器机房要考虑以下内容：温度、湿度、UPS 不间断电源、冷却和电力系统的冗余，以及电网负载功率的分布等。对这些物理指标的实时监测与分析，才能保障机房设备的正常化运行，保证机房设备不因散热不力、电网不稳定、设缆线设备等老化等问题给服务提供商带来不可挽回的损失。

机房的环境监控包括如下内容。

✓ **配电系统指标**：主要对配电系统的电压、电流、功率状态、频率、功率因数等参数和配电开关的状态进行监视。当一些重要参数超过危险阈值时需要及时反馈并报警。

✓ **UPS电源**：通过由UPS厂家提供的通信协议及智能通信接口对UPS内部整流器、逆变器、电池、旁路、负载等各部件的运行状态进行实时监视，实时感知UPS系统的电量及负载能力，机房动力环境监控系统需要能够及时自动报警。

✓ **冷却设备**：通过实时监控，能够全面诊断冷却设备的运行状况，监控冷却设备的各部件的运行状态与参数，并能够通过机房动力环境监控系统管理功能远程修改可设置参数（温度、湿度、温度上下限、湿度上下限等）。

✓ **机房温湿度**：在机房的各个重要位置，需要装设温湿度检测模块，记录温湿度曲线供管理人员查询。一旦温湿度超出范围，即刻启动报警，提醒管理人员及时调整冷却设备的工作设置值或调整机房内的设备分布情况。

✓ **漏水检测**：机房内部需要能够对出现的漏水情况进行监测与定位，并实时上传定位信息，产生预警信号。系统一般由传感器和控制器组成。控制器监视传感器的状态，发现水情立即将信息上传给监控系统。

✓ **烟雾粉尘等监测**：烟雾、粉尘监测器内置微型芯片。如果有烟尘进入电离室，就会破坏烟雾探测器的电场平衡关系，报警电路检测到浓度超过设定的阈值时需要发出报警，并实时将报警信号及定位信息反馈到监管系统。

✓ **其他系统**：比如防雷系统和消防系统的配置等。

10.2.2 "IoT+AI" 辅助机房管理自动化

物联网爆炸式增长带来的互联设备激增，推动了对边缘计算的需求，而分布式计算模型使计算和数据存储更接近需要的位置。低延迟和可靠性边缘计算交付对于大多数物联网用例至关重要。物联网给数据机房的负载带来激增的压力，同时基于传感器等 IoT 技术也是现代化数据中心机房管理的基石。

物联网可以提供数据中心自动化。常规的数据中心任务，如补丁、监控、更新、计划和配置，都可以通过算法管理的 IoT 设备进行远程管理，这使数据中心变得更加灵活。许多数据中心客户喜欢在管理服务器时采用动手方法。将来，物联网可以为数据中心提供更大的灵活性，以传递给客户端，甚至将服务器管理交给客户自己。客户可以利用物联网驱动的见解，潜在地检查服务器，查看维护预测等。除此之外，基于 IoT 的 AI 技术可以进一步实现机房智慧化的管理，常见于如下几个方向。

✓ **基于AI的网络安全**：数据中心正在使用人工智能技术来筛选和分析传入和传出的数据，并检测偏离正常网络行为的潜在威胁。这比雇用网络安全专业人员分析新的网络攻击并制定缓解策略的成本和时间要少得多。

✓ **更高的能源效率**：使用IoT传感器的数据分析许多可能影响能源消耗的因素，包括温度设定点、流速和设备性能。它不仅可以识别能源效率低下的原因，还可以进行调整以减少能耗。如今，电力消耗大约占数据中心运营预算的10%，Gartner预测到2021年，这一比例将上升至15%。通过使用数据分析，公司可以将用于冷却的能源量减少40%。

✓ **故障排除和停机时间减少**：智能传感器和AI工具（如HPE人工智能预测引擎）可以通过跟踪功率水平并监视服务器性能、网络拥塞和磁盘使用情况来检测和预测中断。人工智能甚至可以自主实施策略，以帮助数据中心从数据中断中恢复。

✓ **服务器优化**：基于AI的预测分析可以帮助数据中心更有效地平衡负载，并在需求旺盛的时期跨多个服务器分配工作负载。人工智能还可以更好地跟踪服务器性能、磁盘使用情况和网络拥塞。

✓ **重新定义IT人员的角色**：借助IoT和AI驱动的解决方案，许多常规数据管理功能的自动化工作将消除。这也使得IT员工将工作重心转移到组织内更多的战略和咨询职能上，这将使许多人受益匪浅。

10.2.3　机房安防布控与违规预警

　　机房的安全管控中，现场维护人员的人员管理系统也是必不可少的环节。尽管看起来很简单，但数据中心安全性的最重要要素之一是确保仅允许授权人员访问关键资产。当一家公司与一个数据中心一起办公时，并不是每个员工都需要访问服务器。这是"零信任"安全理念的关键组成部分。摄像数据应进行数字备份并在异地存档，以防止未经授权的篡改。

　　机房管控系统可通过现场监控设备与人员管理系统相结合，结合人体识别、人脸的技术，实现智能门禁、员工识别、区域限定、机柜监控、行为轨迹、出入流量统计等功能。对于智慧机房的系统建设，需要能及时有效地识别和管理访客与工作人员的活动区域，通过行动路线和授权区域比对，判断发生越权活动时能够及时预警。

10.3　应用于机房智能化中的 AI 技术

10.3.1　机器学习方法辅助数据中心降低能源消耗

　　数据中心即使在处理单个中型公司的计算需求时也会消耗大量电能。尽管这些消耗中的一部分直接来自服务器的计算和存储操作，但大部分来自数据中心的冷却功能。对于公司来说，保持服务器散热以确保其正常运行是绝对必要的，但是在工业数据中心规模上，这种能源使用很快会成为主要的财务负担。因此，任何可以帮助公司提高数据中心冷却效率的工具或技术都代表着巨大的附加值。

　　为了追求更好的数据中心能源效率，Google 和 DeepMind 已经尝试使用 AI 来优化其中心机房的散热活动。现在，该项目取得了决定性的成功：DeepMind 的机器学习算法在 Google 数据中心中的应用已将用于冷却的能源减少了 40%，同时不会影响服务器性能。DeepMind 通过获取数据中心内成千上万个传感器已经收集的历史数据（如温度、功率、泵速、设定值等数据）并使用它来训练集成的深度神经网络来实现这一目标。

　　机房里的能源消耗优化是一个复杂的非线性问题。举例来说，对冷通道温度设定值的简单更改将在冷却基础设施（冷却器、冷却塔、热交换器、泵等）中产生负载变化，进而导致设备效率发生非线性变化。恶劣的天气条件和设备控制也将影响最终的直流效率。使用标准公式进行预测建模通常会产生较大的错误，因为它们无法捕获如此复杂的相互依赖性。此外，可能的设备组合的绝对数量及其设定值使得难以确定最佳效率在哪里。在实时的中心机房情景中，可以通过硬件（机械和电气设备）和软件（控制策略和设定点）的许多可能组合来达到目标设定点。考虑到时间限制、IT 负载和天气状况的频繁波动以及需要保持稳定的机房环境，测试每个功能组合的最大化效率将是不可行的。

　　机器学习算法非常适用于数据量大，数据指标特征具有明确实际物理意义的数据场景。这些大量的监测数据，可以用于训练深度的神经网络模型，能得到优于传统优化算法的能源消耗优化模型。由于目标是提高数据中心的能源效率，因此我们可以用未来的平均 PUE（电源使用效率）作为神经网络的预测值，PUE 定义为建筑总能源消耗与 IT 能源消耗的比率。

　　如图 10-2 所示为一个最基础的三层神经网络结构，输入矩阵 x 为（m，n）维的数组，其中 m 和 n 分别代表输入数据样本的个数和每个样本具有的特征维度，输出为需要预测的指标值，比如 PUE 值；在这个问题中 n 代表可以从传感器获得的多种机房物理指标，通常包含如下指标。

✓ 服务器的IT总负载功率[kW]。

✓ 核心网络机房（CCNR）的负载功率[kW]。

✓ 在运行的工艺水泵（PWP）数。

✓ 平均PWP变频驱动（VFD）速度[%]。

✓ 在运行冷凝水（CWP）泵数。

✓ 平均CWP变频驱动速度[%]。

- ✓ 在运行的冷却水塔数。
- ✓ 冷却塔出水温度（LWT）平均设置点[F]。
- ✓ 在运行的冷水机数量。
- ✓ 在运行的干冷机数量。
- ✓ 在运行的冷水注射泵数量。
- ✓ 平均冷水注射泵设定点温度[F]。
- ✓ 平均换热器到达温度[F]。
- ✓ 室外空气湿球（WB）温度[F]。
- ✓ 室外干球（DB）温度[F]。
- ✓ 室外空气焓值[kJ/kg]。
- ✓ 室外空气相对湿度（RH）[%]。
- ✓ 室外风速[mph]。
- ✓ 室外风向[deg]。

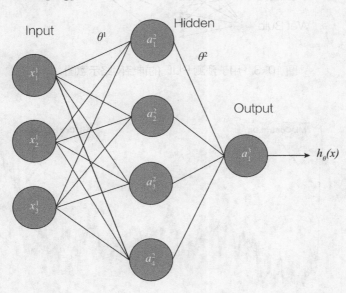

图 10-2　简单三层神经网络结构示意图

上述这些指标，都是通过机房中安装的各种传感器获得的数据进行处理的总量值或均值。

DeepMind 的研究人员通过使用数据中心内不同操作场景和参数训练的神经网络系统，创建了一个更高效、更具适应性的框架，以了解数据中心动态并优化效率。研究人员成功训练了两个深度神经网络用于预测下一小时数据中心的未来温度和压力，同时利用另一个神经网络预测 PUE，如图 10-3 所示。这些预测的目的是模拟 PUE 模型中建议的操作，以确保实际操作不会超出任何操作限制。图 10-4 展示了一个典型的测试日，部署在实时数据中心上测试的模型结果，包括何时打开机器学习建议以及何时关闭它们。可以看到机器学习系统能够始终如一地将用于冷却的能量减少 40%，这在考虑到电损耗和其他非冷却效率低下之后，总体 PUE 开销减少了 15%。它还产生了该站点有史以来最低的 PUE，如图 10-5 所示。

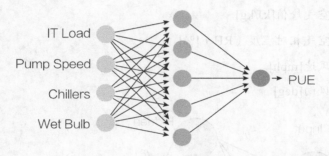

图 10-3　用于预测 PUE 的神经网络示意图

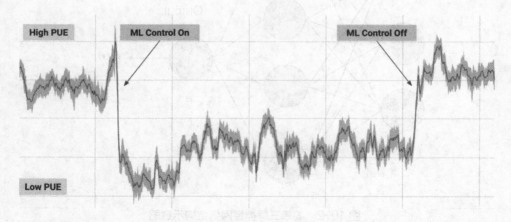

图 10-4　谷歌的数据机房能在机器学习的帮助下进入了 PUE 1.1 的时代

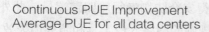

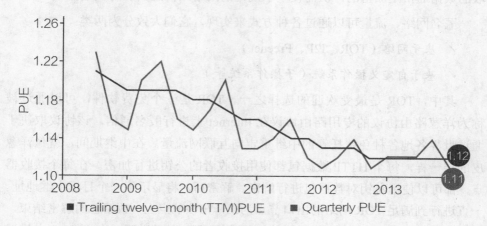

图 10-5　谷歌的数据机房能在机器学习的帮助下进入了 PUE 1.1 的时代

10.3.2　Faster-RCNN目标检测算法监控机柜资源占用

深度学习并不是解决所有信息安全（InfoSec）问题的灵丹妙药，因为它需要大量的标签数据集。不幸的是，这样的标签数据集是很难获得的。但是，在一些 InfoSec 用例中，深度学习网络正在对现有解决方案进行重大改进，其中恶意软件检测和网络入侵检测是改进显著的两个领域。

网络入侵检测系统通常是基于规则和基于签名的控件，这些控件部署在外围以检测已知威胁。攻击者可以更改恶意软件签名并轻松逃避传统的网络入侵检测系统。传统的安全用例（如恶意软件检测和间谍软件检测）已通过基于深度神经网络的系统解决。虽然像 Google、Facebook、Microsoft 和 Salesforce 这样的大型科技公司已经将深度学习技术嵌入其产品中，但网络安全行业仍在追赶的路上，这仍然是一个充满挑战的领域。

网络攻击的主要目标是窃取企业客户数据、销售数据、知识产权文档、源代码和软件密钥。攻击者将加密的流量和常规流量一起将窃取的数据泄露到远程服务器。

攻击者通常使用匿名网络，这使得安全防御者很难跟踪流量。此外，被窃取的数据通常是加密的，从而使基于规则的网络入侵工具和防火墙失效。

匿名网络、流量可以通过各种方式来实现，它们大致分为两类：

✓ 基于网络（TOR、I2P、Freenet）。

✓ 基于自定义操作系统（子操作系统等）。

其中，TOR 是最受欢迎的选择之一。TOR 是一个免费软件，可以通过被称为洋葱路由协议的专用路由协议在 Internet 上进行匿名通信。该协议取决于通过世界各地各种免费托管的中继重定向互联网流量。在中继期间，就像洋葱皮的层一样，每个 HTTP 数据包都使用接收者的公钥进行加密。在每个接收器点，都可以使用私钥对数据包进行解密。解密后，将显示下一个目标中继地址。一直进行到满足 TOR 网络的出口节点为止，在该节点上，数据包的解密结束，然后将纯 HTTP 数据包转发到原始目标服务器。为了说明，在图 10-6 中描述了 Alice 和服务器之间的示例路由方案。

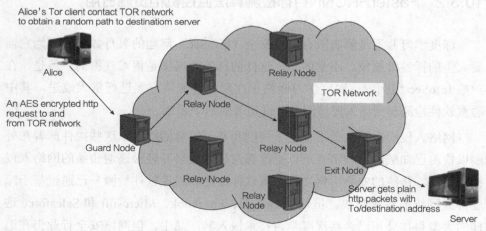

图 10-6　Alice 与目标服务器之间的 TOR 通信示意图

通信始于 Alice 请求到服务器的路径。TOR 网络提供了经过 AES 加密的路径。路径的随机化发生在 TOR 网络内部。数据包的加密路径以黑色箭头显示。在到达出口节点（TOR 网络的外围节点）后，普通数据包将传输到服务器。

人们可以通过分析流量数据包来检测 TOR 流量。该分析可以在 TOR 节点上，也可以在客户端和入口节点之间进行，是在单个数据包流上完成的。每个流都是构成源地址、源端口、目标地址和目标端口的元组，如表 10-1 所示。

表 10-1　数据元信息参数及解释

元信息参数	参 数 解 释
FIAT	Forward Inter Arrival Time（转发间隔到达时间），即两个数据包之间向前发送的时间（平均值、最小值、最大值、标准差）
BIAT	Backward Inter Arrival Time，即两个反向发送的数据包之间的时间（平均值、最小值、最大值、标准差）
FLOWIAT	Flow Inter Arrival Time，两个方向之间发送的两个数据包之间的时间（平均值、最小值、最大值、标准）
ACTIVE	流量在进入空闲状态之前处于活动状态的时间（平均值、最小值、最大值、标准差）
IDLE	流量在变为活动状态之前处于空闲状态的时间量（平均值、最小值、最大值、标准差）
FB PSEC	每秒流字节数，每秒流量包。持续时间：流程的持续时间

除了这些参数之外，元信息参数还包括其他基于流的参数。图 10-7 显示了来自数据集的样本实例。

Source IP, Source Port, Destination IP, Destination Port, Protocol, Flow Duration, Flow Bytes/s, Flow Packets/s, Flow IAT Mean, Flow IAT Std, Flow IAT Max, Flow IAT Min,Fwd IAT Mean, Fwd IAT Std, Fwd IAT Max, Fwd IAT Min,Bwd IAT Mean, Bwd IAT Std, Bwd IAT Max, Bwd IAT Min,Active Mean, Active Std, Active Max, Active Min,Idle Mean, Idle Std, Idle Max, Idle Min,label
10.0.2.15,53913,216.58.208.46,80,6,435,0,4597.7011494253,435,0,435,435,0,0,0,0,0,0,0,0,0,0,0,0,0,0,0,nonTOR

图 10-7　数据集中的一个样本实例

可以使用具有 N 个隐藏层的深度前馈神经网络处理所有特征，神经网络的架构如图 10-8 所示。

将深度学习系统的结果与其他各种估计器进行了比较。使用 Recall、Precision 和 F1-Score 的标准分类指标来衡量模型的性能。基于 DL 的系统能够很好地检测 TOR 类。但是，需要更加重视的是 Non-Tor 类，基于深度学习的系统可以减少非 Tor 类别样本的误报情况，结果如表 10-2 所示。

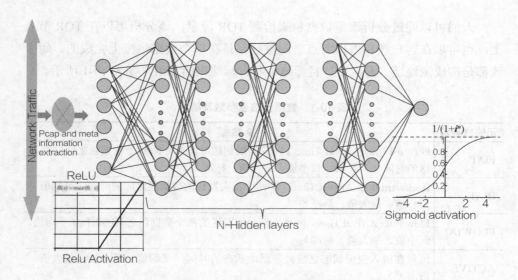

图 10-8　用于 TOR 流量检测的深度学习网络表示

表 10-2　ML 和 DL 模型对于 TOR 流量检测实验的输出结果

分类器	Precision	Recall	F1-Score
Logistic Regression	0.87	0.87	0.87
SVM	0.9	0.9	0.9
Naïve Bayes	0.91	0.6	0.7
Random Forest	0.96	0.96	0.96
Deep Learning	0.95	0.95	0.95

　　在各种分类器中，基于随机森林和深度学习的方法比其他方法表现更好；显示的结果是基于 55 000 个训练实例。此实验中使用的数据集比典型的基于 DL 的系统要小；随着训练数据的增加，基于 DL 和随机森林分类器的性能将进一步提高。

　　但是对于大型数据集，基于 DL 的分类器通常优于其他分类器，并且可以将其推广到类似类型的应用程序。比如，如果需要训练一个分类器以检测 TOR 使用的应用程序，则仅输出层需要重新训练，而所有其他层可以保持不变。而其他 ML 分类器将需要针对整个数据集进行重新训练。注意，重新训练模型可能会涉及构建大型数据集以及使用大量的计算资源。

10.3.3   基于计算机视觉方法的机房火情监测

基于传统传感器的火情监测通常依赖于传感器的烟雾报警，通过充分利用机房中实时的摄像头录像视频流，基于计算机视觉方法的火情安全监测可以作为传感器方法的辅助手段，用于弥补传感器的弱实时性和分布空间受限的问题。

将火情的出现视为目标检测的问题，即在实时的摄像头视频帧中检测火苗的存在。通常的目标检测算法可以分为单阶段的检测算法，比如 YOLO、SSD 等；还有两阶段的检测算法，具有代表性的有 R-CNN 系列的 Fast R-CNN 和 Faster R-CNN。以 Faster R-CNN 为例，人们可以基于大量标注的火灾场景的图片数据训练对应的机器学习模型，并部署在机房的监管系统中，用于对视频流进行实时分析。

Faster R-CNN 是两阶段方法的奠基性工作，作者提出的 RPN 网络取代选择性搜索算法使得检测任务可以由神经网络端到端地完成，其网络结构如图 10-9 所示。概括地讲，Faster R-CNN = RPN + Fast R-CNN，与 RCNN 共享卷积计算的特性使得 RPN 引入的计算量很小，使得 Faster R-CNN 可以在单个 GPU 上以 5 fps 的速度运行，而在精度方面达到 SOTA。

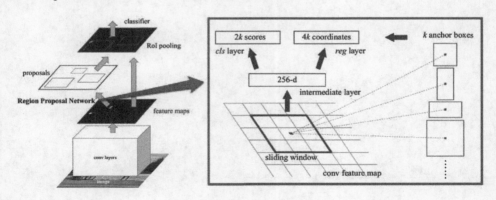

图 10-9   Faster R-CNN 网络结构图

第一步是在一个滑动窗口上生成不同大小和长宽比例的 anchor box（图 10-9 右边部分），取定 IoU 的阈值，按 Ground Truth 标定这些 anchor box 的正负。于是，传入 RPN 网络的样本数据被整理为 anchor box（坐标）和每个 anchor box 是否有物体（二分类标签）。RPN 网络将每个样本映射为一个概率值和 4 个坐标值，概率值反映这个 anchor box 有物体的概率，4 个坐标值用于回归定义物体的位置。最后将二分类和坐标回归的损失统一起来，作为 RPN 网络的目标训练。由 RPN 得到 Region Proposal 再根据概率值筛选后经过类似的标记过程传入 R-CNN 子网络，进行多分类和坐标回归，同样用多任务损失将二者的损失联合。

类似地，人们也可以使用 YOLO 系列的单步目标检测算法，以期能够获得更高的实时检测能力。

图 10-9 Faster R-CNN 网络结构图

第 **11** 章 AI 与智能安防

在产业经济的时代红利、城市治安防控政策法规和"平安城市""天网工程""雪亮工程"等相关工程的带动下，中国安防行业快速发展。据统计，中国安防产业产值由 2007 年的 1453 亿元增长至 2017 年的 6480 亿元，历史复合增速达 10% 以上。而 2018 年全球安防市场产业约为 2758 亿美元，增速 7%。以历史汇率为参照，中国安防产业体量在全球安防产业体量中的比重已经接近 40%。当前复杂多变的经济环境给安防产业带来了更多不确定性。对技术有着深刻依赖的安防产业，将更加追逐新技术和新趋势。尤其是 5G 和 AI 的引入，将为安防产业带来跨越式的发展，完成从"看得清"到"看得懂"，从"看视频"到"用视频"的快速转变。

本章聚焦 5G 和 AI 为安防带来的影响进行分析。首先阐述"5G+AI"技术支持下，安防产业呈现出丰富、主动、立体、简捷的发展趋势。然后分别讨论应用于智能安防中的 5G 技术和 AI 技术。从 5G 的高速率、低时延、广连接三个特点出发，探讨无线视频监控的必然性和部署的方案，分析三域一体立体化防控的趋势和案例，讨论海量数据实时响应的重要性和对传统产业的深刻影响。从算法、算力、数据的角度，说明 AI 在安防领域视频监控方面的落地方案，包括常见 AI 安防模型、集中或分散的服务部署实现方式和资源混编调度设计等内容。

总之，未来以 5G 技术主导的融合 AI 的高清、超清安防监控解决方案以及相关应用场景，将成为主流。

11.1 "5G+AI"安防发展趋势

首先讨论 5G 对安防的影响。某个技术的优势是相对的，根据 3GPP 组织发布的相关材料显示，5G 技术相对于 4G 来说，在用户体验速率、小区峰值速度、端到端网络时延、移动性上都有着更为出色的表现。同时，又能实现 4G 所不具备的连接数密度、流量密度等指标，从而实现了与物联网的对接和应用支持。

在表 11-1 中，通过关键指标，可以更直观地将 5G 与 4G 进行对比。

表 11-1 5G 与 4G 的关键指标对比

对比指标	5G	4G（LTE）	5G 相对于 4G 的提升	意 义
小区峰值速率	10 ～ 20 Gbps	100 ～ 150 Mbps	100 倍以上	高速率（大带宽） 5G 承载更多的用户量，支持更快的上下行速率，在更快的移动速度下依然表现良好
用户体验速率	100 Mbps	10 Mbps	10 倍以上	
移动性 （对移动速度的支持）	500 km/h	350 km/h	1.5 倍以上	
端到端时延	1 ms	50 ms	50 倍以上	低时延（高可靠）
连接密度	100 万个 /km²	\	填补空白	广连接（大容量）
流量密度	10 Tbps/km²	\	填补空白	

随着 5G 技术的规模化商用和逐步成熟，可以预见，安防设备的反应将更加敏捷，响应速度也会更快，成万上亿的安防设备将会被部署，覆盖范围为更广、更立体，当前安防领域的天花板将被打破，诸多问题都将随之解决。同时，也将产生更多的新需求，使得安防解决方案在更多行业发挥作用，支持更多的应用场景。

如果说 5G 带来空间、时间层面的变革，那么 AI 的广泛应用就是"深度"上的改造。在安防的核心环节——视频监控，普遍存在着漏报错报率高、自动化水平低、识别能力不足等一系列问题，导致人力成本和管理成本巨大，同时存在随时爆发的安全隐患。AI 能力的引入，无疑能够助力智慧安防的实现，能够支撑从"看视频"到"用视频"的快速转变，极大程度地提升效率。

通过分析 5G 高速率、低时延、广连接的 3 个特点，以及 AI 的专业性、兼容性、便利性的 3 个发展方向，我们认为，在"5G+AI"技术支持下，安防发展将呈现以下 4 方面趋势，如图 11-1 所示。

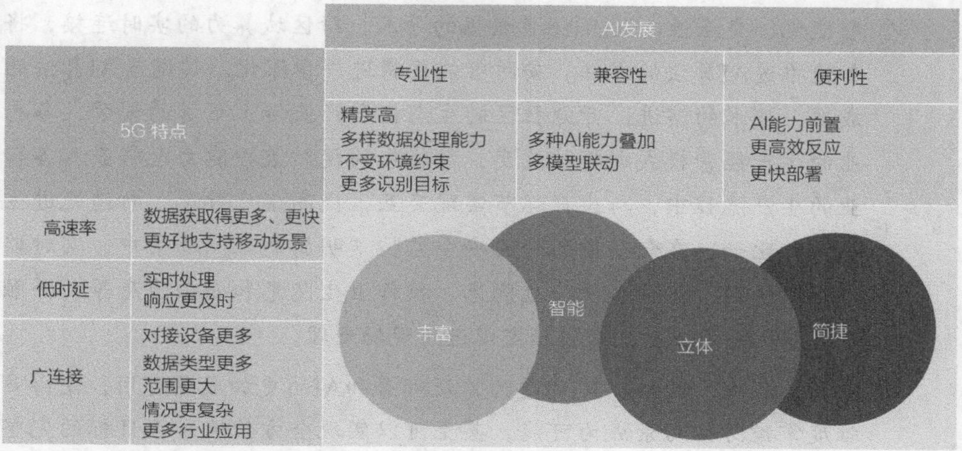

图 11-1　"5G+AI"下的安防发展趋势分析示意图

1. 趋势一：丰富

✓ **多行业、多场景。**5G的广连接、高速率和低时延特点，将推动安防服务覆盖更普遍、更大量的行业，服务更多新型场景，比如高速移动的高铁安防监控场景。同时，安防服务，尤其是视频监控叠加了相匹配的具有行业属性或场景特性的AI能力，也将快速促进安防走向行业更加多样的场景，提升行业的安全管理水平和生产生活效率。比如发电厂基于AI智能识别服务，进行设备结冰识别等运行环境监控，高压设备区域入侵告警等安全隐患识别，未穿绝缘鞋等执勤操作规范化识别，机械连锁异常等设备故障识别，等等。从而让管理者及时掌握异常情况和故障信息等，及时排除问题，提高操作和维护效率，降低操作和维护成本，保障发电厂、智能、高效、安全、可靠地运行。

✓ **多元化、共协同。**随着声光、气味、生物特征等处理技术进一步发展和成熟，AI将能够处理更多元的数据，支持跨媒体、多模态的识别，多种AI能力协同，以及多个AI模型的联动等能力。而5G连接了各种不同类型的设备，将更多类型的数据带入了安防领域。"5G+AI"将共同推进安防数据的高清、感知的多元、防控的协同。反过来，在安防应用中也将部署更多类别的感知设备，用于更多维度的目标信息采集，从而形成良性的发展闭环。

2. 趋势二：智能

✓ **智能化、交互性。** 5G下海量数据的导入，跨区域算力的实时连接，将加速推进AI算法的成熟，安防智能化将进一步深化。伴随着AI算法的成熟、技术的演进、开源社区的生态化和产业链上下游的繁荣，各行业的生产经营模式也将被改变，智能化的视频监控能力也将嵌入各行业的生产流程中，与生产环节实现交互，提高生产效率，打造先进生产力。比如，在食药监的食品安全监控"明厨亮灶"场景中，实时监控卫生情况，识别环境卫生隐患、操作卫生隐患和安全隐患等，并触发智能化设备联动，直接锁定以进行现场处理。

✓ **感知、认知、预知。** 5G的更为广泛部署和AI的更加成熟可用，使得多维度掌控防控场景成为可能，甚至可以实现全方位地掌握目标的完整信息，形成一体化的动态感知体系。而海量实时多类型数据的反哺使得AI生长加速，与智能物联网设备的实时联动使得AI长出"触手"，安防将从"感知"转变为"认知"，能感知现象并做出判断，逐步走向"预知"，更加主动地进行干预，提前纠偏，防患于未然。

3. 趋势三：立体

✓ **全天候、复杂化。** 5G将安防从"看得见"的阶段，一跃带入了"看得清"的高清阶段，而AI则实现了安防从"看得清"到"看得懂"的转变。既满足了目标细节的分辨率，也能够检测、识别目标的具体特征并做出判断。随着5G产业化的深入，以及宽动态、超星光/黑光、AI超微光等技术的应用，将极大拓展视频数据的采集能力。安防数据的获取越来越不受外界环境的影响，实现全天候的、复杂和极端环境下的持续有效管理，结合AI更具有适应性的对更多目标的检测能力，从而支持更多新型的、复杂的场景。

✓ **全域化、多层次。** 安防在5G时代覆盖的范围更大，采集包括地面室内外设施、空中飞行器、地下和水下感知设备等的全域数据。AI将联动识别多层次的信息，包括目标的各种要素、活动轨迹以及关联信息等，让目标无所遁形。总体而言，将使得安全更加立体，实现防控工作"无所不在、无所不知"的目标。

4．趋势四：简捷

✓ **自优化、机动化。** 由于AI能力的实现将会有更多、更灵活的方式，安防管控能力也将从中心化的指挥运营中心向分布式的一线近端前置，这都使得安防系统建设周期更短，部署也将更加自由、机动。同时，在5G的推动下，安防设备将有重大突破，监控重心也可能发生转移，最终将导致安防行业体系化的重构，更加扁平而易用。

✓ **高效能、敏捷性。** 随着智能安防能力的前置和智能物联网设备的实时响应，安防业务实现更加敏捷、快速，安防调度将融合音视频等多种方式，从而实时、直观地呈现现场情况，极大提高事件处置效率，满足实时防控需要，提升生产生活效能。

11.2　应用于智能安防中的 5G 技术

5G 的高速率、低时延、广连接 3 个特点，也对应着 5G 的能力。因此应用于智能安防中的 5G 能力也将从这 3 个角度展开讨论。

高速率，意味着更多、更快地获取数据，能够更好地支持高速移动等新型场景，使得无线视频监控更容易部署。广连接，意味着对接设备更多，引入数据类型更多，覆盖范围更大，面对的场景情况更复杂，也就能面向更多行业提供服务，将带来多域立体化防控。低延时，意味着实时处理和更及时的响应，在 5G 规模化商用之后，海量数据实时响应将成为可能。

这 3 个角度不是完全独立的，而是相互影响、互相促进的。通常是在特定场景下，优先保障某一方面的能力，以确保目标的达成。

11.2.1　无线视频监控部署

现阶段，在大多数情况下讨论安防的时候实际上都聚焦于视频监控。视频监控的重要作用毋庸置疑，以视频监控为主的监控系统涵盖了整个安防产业当中最为主要的数据传输环节，同时也是整个安防领域中市场份额最大、最核心的环节。

1. 5G 使得无线视频监控更容易部署

视频监控的传输方式可分为有线传输和无线传输：有线传输方式包括视频基带传输、光纤传输、网线传输、双绞线平衡传输、宽频共缆传输等；无线传输方式包括微波传输、无线局域网传输、无线广域网传输等。

传统的有线传输方式受到诸多因素的限制，比如火车、汽车等移动场所无法覆盖，林场、输油管线、电力高压线路等偏僻或者有特殊要求的场所覆盖起来成本高昂，甚至有的区域环境恶劣、危险以致布线人员无法到达，等等。而这些限制都可以通过无线传输方式来规避，尤其是 5G 技术的问世，让这种设想更具实际意义。

4G 时代，其传输速率无法支持大文件的快速传输，因此为了满足实时需求，现行方案是通过牺牲视频的清晰度进行压缩传输，导致监控画面不佳、效果较差等问题。5G 的高速率传输将改变这一状况，实现大带宽承载高清监控数据，高速率传输更多信息。

5G 强移动性、高速率的特点，使得无线视频监控更容易部署。相对于目前占主导的有线传输方式，5G 的便利性和灵活性优势更加明显。同时，5G 时代的到来，使得监控设备加速进入 8K 分辨率时代，传输速度大幅上升，数据容量大举提升，这意味着清晰度更高的画面与更丰富的视频细节。视频监控数据的获取更快、更多，能够在保障传输质量的同时，覆盖更多样、更广泛的场所，减少人力资源投入，确保监控人员安全。视频监控分析价值更高，也将迎来新的发展契机和市场机会。5G 将更加快速地推动视频监控的高清化、数字化、智能化发展。

2. 5G 无线视频监控部署方案探讨

无线视频监控部署，涉及前端分布方式、传输距离设置、相关维护设施等多个方面。

前端摄像机点位的分布决定了前端无线网桥分布方式。如果摄像头分布比较集中，则可以将多台摄像机数据集中后再与 5G 传输网络对接。如果摄像头分布比较分散，则可以采取摄像头直接对接 5G 网络的方式实现视频的传输。

无线视频监控设备传输距离，在 5G 下也会有不同公里数等级，需要根据距离来设置方案，选择传输相关设备。同时，视距条件也会影响传输中继的次数和间隔距离。如果有遮挡，则需要通过中继的方式将前端数据回传，而且可能需要根据距离进行多次中转。但中转次数越多，延时就会相对越大。而 5G 技术提供超高清监控视频资源的超高传输速度，更多微型基站、更多天线阵列、更有针对性的切片，将减少网络传输和多级转发带来的延时损耗。

一套稳定的无线监控系统不仅取决于前端设备分布、中继方案设置，还和工程中的防水、防雷击相关设施有关。在 5G 网络下，这些设施也将纳入监控范畴，从而确保数据在传输过程的安全，降低风险。

在实际的视频监控工程建设中，尤其是在 5G 发展初期，为了尽可能地压缩成本，在保证效果的前提下，可能会采取多种传输方式相互结合使用的方案，无线网桥的传输配备合适的有线传输带宽，比如 5G 和光纤传输等方式搭配使用。

11.2.2　三域一体立体化防控

1．5G 助力三域一体立体化防控体系

传统的安防都局限在陆域的特点区域，如园区、小区、楼宇、工地、车站和医院等公共设施。随着"天网工程"在全国各地的大规模部署，陆域的安防系统进入快速发展阶段，全国全面覆盖成为可以预见的目标。但是各个陆域安防监控系统又存在着相互独立、相互割裂、协同困难等问题。5G 的大规模商用部署，将有望打破僵局，逐渐实现全国互联互通，比如实现一周、一个月甚至更长时间的目标人体或物体活动轨迹的自动生成，甚至快速完成基于个人的社交关系链或关系网的识别。

更为显著的是 5G 广连接的特性，将实现万物的互通互联，除了个人通信，还将加速车联网、物联网、智慧管网、无人零售、无人机网络、无人船网络等项目的落地实现，不断促成安防监控范围的进一步扩大，从传统的陆域逐步拓展到水域、空域。同时，结合新型技术或内置了新型技术的设备，安防监控将会获取到更全面的参考数据、更多维的监控数据，支持对目标的进一步分析判断，做出更有效的安全防范措施，从而形成三域一体的立体化防控体系，甚至是全域的防控体系。

2．河道三域一体立体化防控案例

这里是指对重点河道的水利设施、河流水质和水源环境等进行监控检测的场景。

可以通过 5G 连接陆域的高清摄像头、红外传感器等设施监控关键区域情况，防止意外侵入，识别和告警恶意闯入等，避免安全事件发生。

也可以通过 5G 远程操控在水域上的无人驾驶船，结合高清水下摄像机、激光成像、声呐成像等技术，进行数据采集、暗管探测和水下探测等作业，包括对水样的自动采集与灌装，探测水下管道以及危险物品，并实时传输采集数据，实现水域安防实时监测。

还可以通过无人机搭载高清摄像头、全景摄像头、热成像摄像头和激光云台等，对重点河道、水利设施进行航拍监测，并通过 5G 网络实时回传，与陆域、水域联动，实现三域一体立体化防控，如图 11-2 所示。

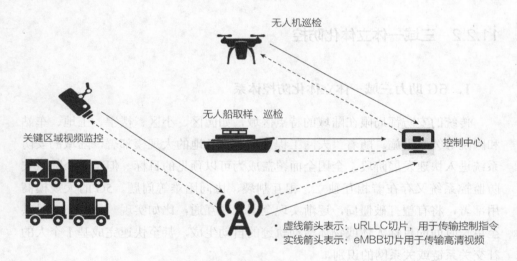

图 11-2　河道三域一体立体化防控示意图

同时，通过网络切片技术实现 5G 专网服务，让专业数据安全优先地接入企业或监管部门的内网，及时有效地应对突发事件的紧急指挥、可视化的现场指挥调度、对设施人员事件等目标的精准定位和按图检索跟踪等各种新型应用场景。

11.2.3　海量数据实时响应

前两节讨论了通过 5G 无线视频监控部署实现高清化监控视频的高速传输，以及 5G 万物互联下多维数据采集分析支持的三域一体立体化防控。在同一个工厂级应用中，我们可以理解为一种递进关系。首先，5G 网络支持了超高清视频监控，就能够将厂房各区域的生产细节同步回传到控制中心，实现工厂的精细化管控。进而，5G 网络下立体化防控体系能在更大范围内对远程生产设备工作状态进行全生命周期的实时监测，使得工厂设备的作业和运维能够突破工厂的传统边界，实现跨厂区、跨区域的远程控制和安全维护等操作。

1．5G 海量实时数据让响应更主动

当 AI 的机器视觉识别、异常诊断等能力被引入时，生产中的违规操作、危险行为、产品位置偏差、人员轨迹异常等，以及运维中的异常识别和安全维护等，就能被自动检测、识别或实现。因此，海量数据的实时传输和应答就显得尤为重要。这不仅能够提升 AI 的识别速度和精度，更能支撑智能物联网设备的实时联动，为实时自动化的问题处置提供了实现的可能。

5G 的低时延特点，在此类远程操控以及自动化的安防场景中将发挥更大的价值，尤其是在实现广连接之后。比如，当火情、人员聚集等安全问题发生时，无须事后查看监控视频进行评估，而是实时查看，借助海量信息的汇聚快速支持应对方案，并实时触发相关调度，如帮助应急车辆在最短的时间内到达事故现场。在该场景中，安全问题识别后，通过多渠道实时主动告警，自动响应，触发执行策略。不仅可以在监控屏幕显示告警，还可以通过红外、电话、短信等形式主动通知安防人员，采用统一对外接口，与现有设备集成，实现告警发生后 5G 物联网设备的实时主动处理。

2．5G 海量数据实时响应改造传统

5G 的低时延特点带来了数据实时获取和指令的实时响应，将改造传统逻辑。当工厂海量的生产设备、关键部件、环境传感器等都在 5G 网络下互联时，5G 的低时延不仅能为生产流程优化、能耗管理、安全生产等提供支持，而且能在极短时间内将温度、湿度、亮度、空气质量、水质等状态信息传递给管控中心，使管理人员能够对厂房内乃至厂区的环境进行精准调控，优化工厂环境，减少环境污染。

5G 的海量数据实时响应如图 11-3 所示，它将支持实现智慧化安防能力向边缘的下沉，高效排除故障和隐患，也使得企业将更有能力和意愿承担起社会责任，不再局限于眼前的利益。

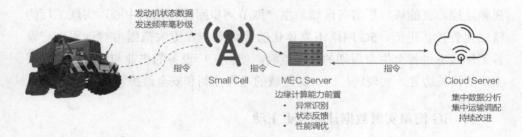

发动机状态数据
发送频率毫秒级

指令   Small Cell   指令   MEC Server   指令   Cloud Server
边缘计算能力前置
· 异常识别   集中数据分析
· 状态反馈   集中运输调配
· 性能调优   持续改进

图 11-3　海量数据实时响应示意图

11.3　应用于智能安防中的 AI 技术

安防的智能化就是要将 AI 能力融合到安防体系中，改善传统安防事后查证、人工决策带来的低效率与大量浪费。智能安防将实现全程监控、智能决策，大幅提升安防效率。

其中，视频监控先行发展。目前，中心侧的视频监控发展较快，而 5G 商用之后端侧的发展将更加快速。其他环节，比如门禁、消防喷头等智能物联网设备，安防机器人等生产安全辅助设备，都将与 AI 深度融合。

11.3.1　AI安防模型

应用在安防的 AI 模型随着智能场景的丰富会越来越多，目前在安防领域应用较为广泛的是人脸识别、人体识别、安防事件识别等。

1. 人脸识别

通过对实时视频进行人脸检测、特征提取、人脸校准和比对检索等，支持绝大多数的综治、公安、园区、教育、工业等领域的身份验证类场景。

（1）人脸检测

基于网络摄像头，通过人脸检测算法将摄像头采集的视频逐帧分析，可同时对多个目标进行检测和追踪，在追踪过程中判断人脸的位置、大小和姿态，同时结合光照条件、遮挡、成像条件等返回清晰度、人脸质量最高的一张图片，从而提高抓拍质量。

（2）特征提取

面部特征点定位是人脸识别中至关重要的一环。点越多越精细，但同时计算量也越大。兼顾精确度和效率，一般选用双眼中心点、鼻尖及嘴角 5 个特征点，对人脸特征进行数字化抽象。

（3）人脸校准

人脸校准，利用人脸定位获得的 5 个特征点（人脸的双眼、鼻尖及嘴角）获取仿射变换矩阵，通过仿射变换实现人脸的摆正，目的是摆正人脸，将人脸置于图像中央，减小后续比对模型的计算压力，提升比对的精度。

（4）比对检索

计算待识别人脸的特征值与所有特征值库的距离，获取最短距离。比较最短距离与预设阈值。如果最短距离小于预设阈值，则匹配成功；反之，则失败。

其中，特征值库需要预先构建完成，作为人脸识别的依据。而人脸抓拍的图片质量和人脸识别算法的准确度，是决定整体人脸识别效果的关键因素。简单地说，人脸识别是对人脸特征进行计算和数学抽象的过程。

（1）活体检测

活体检测通常用于人脸防伪。基于图片中人像的破绽（摩尔纹、成像畸形等）来判断目标对象是否为活体。

活体检测一般由人脸识别算法和光流活体检测算法共同完成。人脸识别可以检测人脸多个特征点，比如 68 个特征点。同时，真实人脸的脸部在姿势校正和眨眼过程中会比照片产生更大的光流，借助运动光流法，根据光流场对物体运动比较敏感，来进行流光差值判断。如果流光差值大于阈值，则判定检测目标发生了运动，为活体；反之，则为照片欺骗。

该项技术与视角、场景、人的图像大小无关。当模型识别结果为异常时，就会根据提前设定的规则，触发安防系统给出告警。

（2）人证比对

人证比对，是人脸识别 1∶1 的另一种应用。人证比对的过程一般分为 3 个步骤：第 1 步，采集证件的头像信息；第 2 步，采集现场人脸的头像图片；第 3 步，将证件的头像与现场的人脸图片做比对。

另外，人脸搜索、人脸比对都属于人脸识别范畴。人脸搜索是根据给定的人脸照片，对比人脸照片库或者监控图片或视频流中的人脸，进行 $1:N$ 检索，计算相似度，找出最相似的一张或多张人脸，进行人脸定位，视频回放。人脸比对是通过提取人脸关键特征，对比两张人脸的相似度，判断是否为同一个人。

2. 人体识别

人体识别通常包括人体检测、多人体检测、人体属性识别、人行轨迹识别等，广泛应用于公共场所、医院等较大空间范围内的安防场景。

（1）人体检测

人体检测分为以下几个步骤：首先对收集的数据进行降噪或者去噪处理；接着，进行人体定位，获得头部、关键关节、主要躯干或肢体等多个特征点，进行特征量提取；然后进行训练和分类；最后实现人体的识别。

在这几部分中，数据噪声处理和特征点提取是关键的两个环节。其中，业界对特征点提取做了很多尝试，比如对人脸、眼、鼻子、嘴、上体、全身、腿进行简单分类，再通过训练或者组合进一步强化识别，从而把几个弱分类器变成一个强分类器，在特定情况下或者某些要求不高的场合，快速提高识别速度。

目前，数据获取是通过视频或图像的形式获取。随着技术的发展，开始利用穿戴传感器设备，或者借助 5G 等无线技术进行人体识别。同一个目标能被采集的数据量越来越大，能够获取的细节越来越丰富，使得数据噪声处理方面量级增大，但同时更容易提出靶向性信息。

（2）多人体检测

多人体检测是群体识别，通过检测图像中的所有人体，标记出每个人体的坐标位置；或者，输入一个批次的图片，检测该批次图片中人体的位置，从而对楼宇、社区、园区等大门出入口的进出人员数据统计，识别人员流量情况，支持客流统计、客流密度计算等具体场景，如图 11-4 所示。

根据需求情况，可以对人员识别的数量去重。但是，加上去重环节，其操作难度就会相对加大。一方面，计算量大，因为人脸侧脸相似度比较高，出现多属性识别人体再进行去重判断，会导致特征库膨胀，且不同属性识别准确率较难达到商用要求。另一方面，是处理周期问题，或者处理时间响应的问题。客流量是实时计算指标，实时去重的难度比较大。一般去重是按天结算的，属于后向分析。实时进行的前向分析较难实现去重，一般用于人群密度的计算，实现单位区域人头的计数，避免人群过于密集而存在踩踏风险。

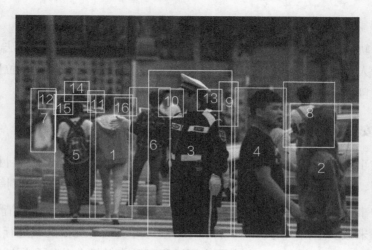

图 11-4 多人体检测

（3）人体属性识别

人体的属性有很多方面。比如，按职业属性和非职业属性区分，职业属性是特殊属性，比如通过识别工作服来区分不同职业，而非职业属性是一般属性，包括对人的衣着（上身下身颜色）、年龄、性别、头发长短程度、表情、形体（胖瘦）、附属物（是否背包以及背包方式等）进行识别判断，如图 11-5 所示。

图 11-5 人体属性识别

通过工作服识别职业属性，在社区、园区、医院等场所使用广泛，可识别常见人群的工作服，以便判定职业，如快递、外卖、保安、医生等。

（4）人行轨迹识别

人行轨迹识别，基于人体属性特征及人体图片相似度等多种算法，可跨摄像头进行人员跟踪。比如，通过人体识别能够构建个人档案、支持位置记录、持续锁定目标、加载 GIS 地图、叠加坐标、生成轨迹地图。

3. 安防事件识别

安防事件识别是一个 AI 模型集，包含多种识别模型，比如，目标物体与轨迹识别、危险安全事故识别、安全隐患事件识别、规范性事件识别等。

安防事件识别算法，可用于核心区域入侵识别、车辆识别、火情识别、垃圾识别、未戴安全帽识别、口罩识别等场景，可实现对受控区域进行监控，保障园区的生活、生产安全。在实际应用过程可助力关键公共安全领域实现无人值守和智能预警。

识别检测之后，通过图像检索，以图搜图，或者在视频流中定位目标体的图片，进行视频回放，协助处理安防相关事件。

（1）目标物体与轨迹识别

这里以车辆识别为例来介绍目标物体与轨迹识别。车辆识别，指基于图像识别，如图像中的车辆类型、车身颜色、品牌及坐标位置。首先，对小汽车、卡车、巴士、自行车、摩托车、三轮车等进行目标检测，识别车辆类型。再对车辆的颜色、车标甚至车型号进行识别，判断颜色、品牌和型号。

也可以结合 OCR，对车牌号进行识别，给车辆提供唯一识别 ID。依据唯一识别 ID，跨摄像头识别车辆信息的同时输出坐标位置，持续跟踪目标车辆。

（2）危险安全事故识别

核心区域入侵识别可大可小。仅通过人脸识别完成门禁准入管理也能满足基本需求，但是在 AI 技术不断深入安防领域之后相应能够完成的内容大大拓展。可以划定区域以多边形框设定核心区域范围，从而识别核心区域是否在非作业时间内有人或物体侵入。可以支持在作业时间，进行作业人员准入识别，作业人员人体数目识别，作业区域停留时间检测。比如 9 ～ 21 点工作人员抬脸认证；人数限制，不能多于 1 人；21 ～ 9 点不允许任何人进去。其中，人员准入识别依赖于人脸识别结合白名单实现，作业人数识别依赖于多人体检测。

火情识别，主要是识别一定面积的明火，比如超过成人拳头大小的火焰、可见大小的火焰。如果叠加烟感识别能力，就能识别更多隐患。

危险驾驶行为识别，基于危险驾驶行为库，实时识别驾驶室内部驾驶人员的危险驾驶行为。危险驾驶行为包括接打电话、整理头发或化妆、饮食、向前伸手（如调节收音机）、与乘客交谈等危险驾驶行为。

危险肢体行为识别，识别多人之间是否有肢体冲突，避免安全事件发生。

（3）安全隐患事件识别

电梯门闭合状态识别，通过对电梯门未闭合部分进行识别，计算未闭合面积占电梯门总体面积的比例，并结合保持该状态的时间长度，从而进行是否闭合的判断。比如，如果电梯门未闭合面积占比 50% 以上，同时未闭合的时间超过 2 分钟，那么判定为电梯门未闭合，进行告警。"长时间不关闭"的时间长度界定，可能由于时间段而有所差异，比如上下班高峰时段未闭合时长可设定为 5 分钟。

垃圾识别，进行有无垃圾的检测，常见垃圾的识别，并依据垃圾类型进行垃圾的分类，如塑料瓶、易拉罐、玻璃杯等。从大颗粒垃圾的识别，到小颗粒垃圾的识别，是从易到难的识别阶段。

垃圾箱溢满识别，识别出常见垃圾箱的溢满状态。从无盖垃圾桶溢满识别，到有盖垃圾桶溢满情况的识别，是从易到难的识别阶段。

车辆占道识别，识别车辆在道路上占道情况，与电梯门闭合状态识别原理类似。

违章建筑检测，对无人机拍回来的照片进行快速识别分析，判断存在违章建筑的区域。

（4）着装等规范性事件检测

根据不同场景，着装合规性检测，包括未戴安全帽识别、厨师佩戴合规性检测、未戴口罩识别等。

未戴安全帽识别，针对电厂、施工现场等场所，判定人员是否戴安全帽。

厨师佩戴合规性检测，检测厨师是否按规定佩戴厨师帽和口罩。全部佩戴即为合格；如果只佩戴了口罩或厨师帽，则只显示口罩或厨师帽；如果口罩和厨师帽都没有佩戴，则显示不合格。

未戴口罩识别，配合式和非配合式的未戴口罩识别，以及多人未戴口罩的识别。

11.3.2　AI服务实现

AI 服务实现方式，可以是 AI 任务式集中赋能，也可以是 AI 嵌入式分散赋能。其中，AI 嵌入式比较好理解，就是讲 AI 能力以 SDK 等方式嵌入到端侧的物联网设备中，让 AI 能力尽可能近地贴近数据采集端，实现物联网设备的智能化。AI 任务式集中赋能，可以采用云端的方式提供强大而多样的 AI 能力，也可以在近端侧通过部署 AI 一体机设备等方式提供相对专业化或者符合某些预设场景的轻量级 AI 服务能力。表 11-2 说明了目前多种 AI 的服务实现方式。

表 11-2　多种 AI 服务实现方式

AI 服务方式	实现方式	赋能平台 / 产品
AI 任务式集中赋能	云端	AI 平台
	近端	轻量级 AI 平台、一体机等
AI 嵌入式分散赋能	端侧	SDK、智能物联网设备

1.　任务式

AI 任务式集中赋能，是将各类 AI 模型的加载和服务化封装，将静态的 AI 模型文件转换为智能安防任务，快速适应各种应用场景，实现可插拔的安防模型封装，支持 AI 安防能力快速部署。安防 AI 任务配置，涉及任务信息配置、安防 AI 模型选择、模型业务参数配置、执行设备选择、监控区域划分等环节。

任务式 AI 服务实现方式下，任务与设备的关系是可以灵活配置的。同一设备，可以同时执行多个任务；多个设备，可以同时执行同一任务；多个设备和多个任务协同识别同一目标，进行跨设备分析。尤其是 5G 边缘计算资源的增加，将可以更好地支持跨多个安防任务的执行和分析，进行多场景信息整合，立体化防控。同时，安防任务与智能物联网设备对接，联动联防。

云端模式下，统一管理平台对接的所有 AI 模型，因此可供选择的 AI 模型丰富，但是前提是购买了云端的 AI 平台服务，同时受限于网络情况，对需要实时响应的场景可能支撑不够。

近端模式下，需要提前了解客户需求，预设某些场景进行判断，由云端将 AI 模型提前封装在轻量级 AI 平台或者一体机产品里。好处是更贴近客户侧，响应及时性大大提高。尤其在 5G 技术下，将更容易获得速度、带宽方面的支持。

2. 嵌入式

随着 5G 的商用和规模化发展，安防将会有数十亿的物体相互连接。面对海量的安防数据，不但对云端计算能力有着更高的要求，而且也对端侧的数据加工和智能化处理也提供了可能。5G 可以全面支持无线边缘的 AI 运算，端侧 AI 实时采集、实时分析、实时处理，触发实时响应，也将在 5G 挖掘潜能方面起到重要作用。

在确保模型依然拥有高效、高精度的前提下，对模型进行精简，以端侧 SDK 的方式进行部署。精简的端侧 AI SDK 能够快速高效地给物联网设备带来 AI 赋能，支持所有类型操作系统的终端设备。如图 11-6 所示为 AI 能力以 SDK 的方式赋能物联网设备和终端设备的实现流程。

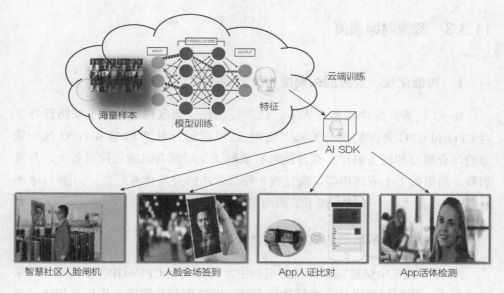

图 11-6　SDK 赋能物联网设备和终端设备

同时在安防智能化过程中，会释放出许多旧式设备，这些设备与新型设备难以互通，但端侧的边缘计算能够将旧式系统所使用的通信协议进行转换，实现与现代联网设备的对接，那么有望将旧式设备与现代物联网平台实现连接，从而省下大量的新设备购置成本。

3. 混合式

任务式和嵌入式也不是互斥的，可以匹配使用，这样既能够兼顾不同场景的需要，也能结合二者的优势。丰富的 AI 模型和实时响应，并不矛盾。

比如，消防检测。通过 AI/AR 等人工智能和感知技术，依托 5G 高带宽和强大连接能力，基于物联网传感器，实时监测对象，并及时基于 AI 技术进行智能分析挖掘，发现人工无法及时和全面监控的隐患，从而支持异常告警、及时防控等场景。AI 服务的实现是混合式，在对消防信息和数据的深度挖掘后，进行云边协同部署。云端负责大量数据的模型训练和非实时模型推理，边缘端负责对实时消防数据的实时模型推理。如图 11-7 所示为消防检验中的 AI 服务实现方式和流程。

11.3.3　资源混编调度

1. 智能化统一资源混编调度和任务编排

在 AI 任务式集中赋能方式下，依据资源统一调度框架，基于安防任务下对 CPU 和 GPU 资源的混合编排，实现 AI 模型运行时的 CPU 和 GPU 统一资源的混合调度和任务编排。这样能够有效解决在资源有限的边缘设备上，并发加载、启用数十个安防模型，满足数十路摄像头的并发任务处理。如图 11-8 所示为 AI 任务式集中赋能方式下的通用资源混编调度框架。

2. 高性能、多场景的软硬件融合设计

AI 任务式集中赋能的一体机方案做中，硬件采用 CPU+GPU 异构芯片，采用超融合一体化技术设计，将计算、存储、网络做优化配比，提供预集成、预调优的软硬一体化融合架构，确保高性能、高可用，统一整机柜交付。从而在支持人工智能、大数据、物联网等多业务场景时，"CPU ＋ GPU" 可以更好地满足新技术、新应用对资源需求多样化、差异化的特点。

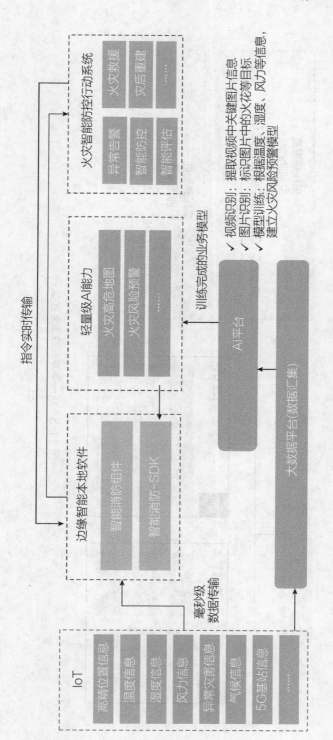

图 11-7　消防检测中的 AI 服务实现

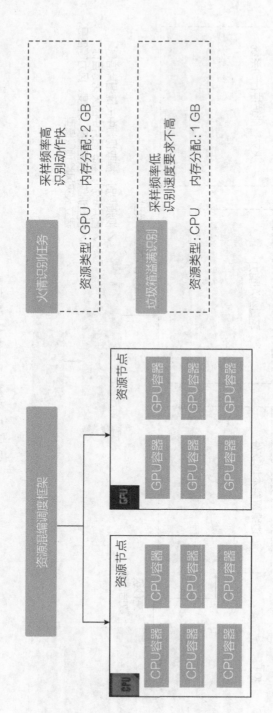

图 11-8 统一资源混编调度框架

第12章

5G 时代的 AI 能力平台化

通过前面章节的分析，我们了解到，在 5G 时代，AI 技术在 5G 网络切片、5G 网络计费、物联网边缘智能、客户关系管理、客户体验管理、企业内部流程管理、商业智能分析、设备运维、机房管理、智能安防等领域有着非常广泛的应用场景，但对于 AI 能力的生产、沉积、统一提供等内容，并未做过多的论述，然而这是个非常重要的问题，需要深入进行讨论。

AI 能力的快速生产、有效沉积、统一服务，对于企业高效注智赋能业务场景，无疑是非常重要和非常必要的。而达成这一目标的重要方式，就是通过 AI 平台的建设，实现 AI 能力的平台化。这也是目前企业所形成的共识，无论是大型的互联网企业，还是通信龙头企业，或者其他行业的典型厂商，都在进行积极探索和实践。

那么，AI 平台建设的理念和思路是什么？如何设计 AI 平台的功能维度？如何选择 AI 平台的技术？这些问题，本章都会给读者一个明确的答案。

12.1　AI 平台建设与能力沉积

从科学技术的发展简史角度看，进入 21 世纪，5G 和 AI 已经成为全新的通用目的技术，在经济和社会的发展和升级中起着重要而基础的支撑作用（见图 12-1）。

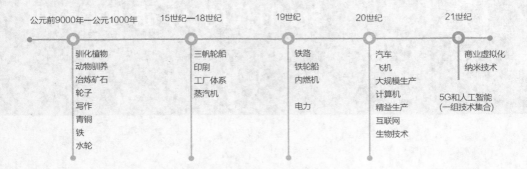

图 12-1　5G 和 AI 已成为 21 世纪通用目的技术

从产业的发展角度看，5G 技术的发展催生了更多对 AI 技术有着注智要求的全新业务场景。对通信运营商来讲，在 5G 时代面临着网络和商业模式的重构，有大量的业务场景需要注入 AI 能力，比如网络的规划、运维，业务的运营等，这些业务场景复杂多变，仅仅依靠手工的方式，已经无法满足，需要建立集中的 AI 能力平台，对业务场景进行统一训练、推理和集中注智。

首先，通过 AI 能力平台建设，解决运营商 AI 人才不足的问题，降低 AI 注智门槛；其次，通过 AI 能力平台建设，将运营商一些典型的、重要的、有价值的、通用的业务模型作为知识沉淀下来，解决 AI 能力重复建设的问题；最后，通过 AI 能力平台建设，沉淀知识和企业优秀 AI 实践，降低企业 AI 建设的时间和资源成本。

按照 Gartner 公司 2019 年的人工智能技术成熟度曲线，AI PaaS（人工智能平台服务）、Auto ML（自动化机器学习）、智能应用、聊天机器人等 14 项技术成为顶峰期人们对 AI 最大的期待，如图 12-2 所示。

12.2　AI 平台建设理念与思路

1. 全域虚拟化、全域智能化、全域可感知

3 个全域的概念是由亚信科技（中国）有限公司首次提出并受到业界普遍认可的 5G 时代 AI 平台建设的理念，内容如下。

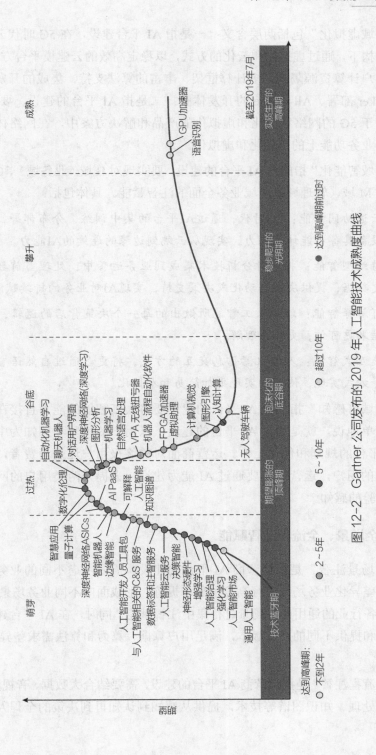

图 12-2 Gartner 公司发布的 2019 年人工智能技术成熟度曲线

"全域虚拟化"包括两层含义：一是指 AI 平台建设，在 5G 时代云网一体的网络架构下，通过虚拟化和云化的方式，以稳定高效的云建模平台方式提供，支持分租户计算资源隔离、多计算框架、丰富的算法支持、集成的开发环境、支持 Docker 部署、All-in-one 的开发体验；二是指 AI 平台的建设，要通过 AI 能力注智于 5G 的网络智能化和虚拟化的产品和解决方案中，在网络体系内实现网络和业务功能上的自动化和虚拟化。

"全域智能化"指的是 AI 平台的建设，要实现对 B 域（业务域）、O 域（网络域）和 M 域（管理域）全域业务全面的注智赋能。具体包括：

✓ 云边协同智能：5G时代，通过AI平台的集中训练，分布部署，让边缘设备具备智能计算能力，实现从云端到边缘的连续的AI能力。

✓ 持续型智能：将实时分析技术集成到业务运营中，处理当前数据和历史数据，提供决策自动化或决策支持，实现AI对业务的持续赋能。

✓ 可解释智能：解释人工智能所做出的每一个决策背后的逻辑，使AI的结果更可信，更容易理解。

✓ 交互式智能：人与机器信息交互的方式，将更多通过自然语言、语音等方式实现，使AI的实现更加简易和人性化。

"全域可感知"指的是 AI 平台的建设要将人工智能的能力直接在业务中体现。简单地说，就是通过 AI 平台的建设，以用户的体验和感知为中心，来指导 AI 平台的规划和优化工作。运营商面对的终极用户还是消费者，或者是垂直行业的用户，运营商需要通过 AI 能力建设，去提升两类用户的网络体验和业务体验的感知。

2. 全场景、全流程注智赋能

"全场景注智"是指运营商 AI 平台的建设，需要考虑不同的业务场景，并通过对差异化业务场景进行高度抽象和提炼，形成面向不同业务场景的 APIs 体系，对各行业的通用业务场景进行集中注智赋能，同时，在 AI 平台建设时，需要建设和提供不同的产品版本，满足用户算据、算力和算法需求差异下的 AI 能力需求。

"全流程注智"是指运营商 AI 平台的建设，需要结合大数据、音视频识别、自然语言处理、知识图谱等技术，提供从感知到认知再到决策的全程人工智能能力输出。同时也是指运营商通过 AI 平台的建设，要实现从网络规划、网络运维、服务营销等全生产流程的注智赋能。

3. 集中训练，云边部署，分布服务

✓ AI平台需支持对业务数据进行集中训练。对来源于物联网、客户关系管理系统、计费系统、营销系统等多源业务数据在云端进行高效率的集中训练，有利于提升模型训练的速度，也能够处理更大规模、更多维度的业务数据量。

✓ AI平台需全网云边部署，适配5G业务注智场景。5G时代，边缘计算（EC）的场景将进一步增多，因此，对AI能力的部署，不仅需要部署在云端，也需要在边缘设备上进行部署，以适配5G时代快速注智的业务需求。

✓ AI平台需提供分布预测服务，充分发挥平台支撑能力。5G技术提供了低时延、高可靠的数据采集和处理能力，但同时也对AI平台的功能提出了更高的要求，需要平台更好地支撑5G时代的业务场景需求：一是需充分发挥AI平台的边缘计算能力；二是需充分发挥AI平台的实时预测能力；三是需充分发挥AI平台的分布预测能力。

4. 微服务架构，应用方便灵活

微服务（Microservice）这个概念是 2012 年出现的，作为加快 Web 和移动应用程序开发进程的一种方法，2014 年开始受到各方的关注。微服务的基本思想在于考虑围绕着业务领域组件来创建应用，这些应用可独立地进行开发、管理和加速。在分散的组件中使用微服务云架构和平台，使部署、管理和服务功能交付变得更加简单。

AI 平台本身的功能目标定位，就决定了特别适合微服务的架构设计。首先 AI 平台需要支撑运营商多种业务场景的 AI 应用，每个 AI 应用场景都可以看作一个独立的服务单元，不同的业务单元的功能相对单一明确；其次，不同类型的 AI 应用模块需要相对独立的计算和存储资源，类似于语音识别、图像识别需要调用 GPU 的计算资源，而一般的机器学习模型，则只需要调用 CPU 资源即可，因此在平台设计时，需要通过微服务架构的设计，针对不同的 AI 能

力，对计算资源进行区隔；第三，微服务架构的设计，便于 AI 平台不同的业务功能模块进行高效的通信，因为 RESTful 风格的 API 接口协议，本身就是和 AI 开发语言相关程度不高的通信协议。

微服务架构的应用，使得 AI 平台的应用更加方便灵活。首先，微服务设计将整体应用程序分解成可管理的块或服务，解决了平台的复杂性问题；其次，微服务架构设计可以增加开发团队的开发弹性和自由度，开发人员可以自由选择任何有用的技术，只要该服务符合 API 协议即可；第三，微服务架构可以使每个微服务都能独立部署，开发人员不需要协调部署本地服务的变更；第四，微服务架构避免了服务实现层的深度耦合，大大降低了业务功能模块的依赖性，平台的整体稳定性和平滑升级能力得以有效提升。

5. 聚焦典型业务，沉淀企业最佳实践

5G 时代的 AI 平台建设必须贴近业务，对典型业务场景进行集中注智。首先，5G 时代，业务场景复杂多变，需要 AI 进行注智赋能的业务场景也非常复杂，如果不能将复杂的业务场景进行高度抽象和提炼，运营商将面临数量巨大，并且大量重复的 AI 建模工作，不仅降低了 AI 注智的效率，同时 AI 的能力也无法实现对每一个需要注智的业务场景进行有效的注智赋能；其次，由于需要注智的业务场景的业务价值不尽一致，所有有必要对需要注智的业务场景的价值优先级进行梳理，对高价值的、典型的业务场景进行优先级更高的 AI 注智赋能。因此，需要对典型业务场景的模型通用性进行提炼总结。比如，目前广泛应用于各运营商安全管理的智能门禁，运营商在营业厅里面结合人脸识别和用户标签数据的智能营销的业务场景，其核心的 AI 能力都是人脸识别能力，需要将其中的核心 AI 能力抽取出来，并通过封装并提炼出不同层次的 AI 能力，进行注智赋能。

同时，通过 AI 平台的建设，对典型场景的注智实践，可以进一步沉淀 AI 知识和企业最佳实践，实现 AI 能力和 AI 知识的同步建设。将重要的、有价值的、典型的业务模型的业务指标、模型算法等作为知识沉淀下来，可以通过迁移学习的方式，进行快速的模型开发，降低重复开发的时间和资源成本，提升模型的需求价值。

12.3　AI 平台建设功能设计

12.3.1　云化引擎设计

5G 时代，面对日益复杂的业务注智场景，以及云网一体的网络架构，在 AI 平台建设时，需要根据不同业务场景的数据、算法、算力需求，对 AI 平台的计算引擎能力进行云化设计，以便适应 5G 时代灵活的注智需求，如图 12-3 所示。

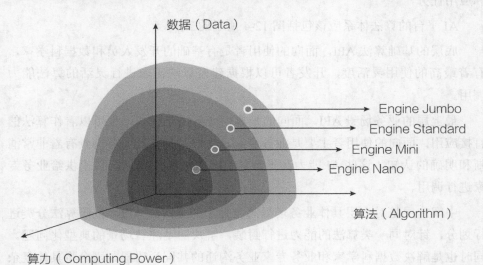

图 12-3　5G 时代 AI 平台需满足不同算力、算法和数据的需求

- ✓ **Engine Nano**：对算力、数据和算法的要求最低，主要面向单一的 AI 注智场景，通常应用于边缘智能的注智场景，并以 SDK 的方式部署于需要注智的应用系统内部，比如部署于智能门禁系统内的人脸识别应用能力，部署于智能停车系统内部的车牌识别应用等。
- ✓ **Engine Mini**：相比 Engine Nano，支撑的业务场景稍多，可应用于较为复杂的业务系统中，AI 注智方式主要为 Open API 调用形式。
- ✓ **Engine Standard**：面向更多也更为复杂的业务场景注智，AI 平台除需提供标准化的通用 AI 能力外，还需要满足用户个性化业务场景需求的自定义模型开发需求。

✓ Engine Jumbo：对算力、数据和算法的要求最高，和Engine Standard相比，面向更多的业务场景，具备更为完善的AI能力，可以提供完整的AI模型训练、AI模型推理、AI能力调用等更多功能。

12.3.2　API算法体系

一个性能卓越的 AI 平台应该是一个算法民主化的平台。不同知识背景和业务专长的使用者，都可以非常方便地使用平台的 AI 算法，完成不同的开发和应用任务。

AI 平台的算法体系应该包括图 12-4 所示的三层。

底层的基础算法 API，面向的使用者是有基础的开发人员和数据科学家，有着最高的使用灵活度，开发者可以根据建模算法需求进行灵活的算法能力调用。

最上层的业务场景 API，面向的是典型业务场景模型，也可以看作算法的直接应用，面向的使用者主要是业务专家，他们对具体的业务场景有着非常清晰和明确的认知。这些 AI 能力在平台封装成 API 后，可以直接提供给业务专家进行调用。

中间一层是对上层具体业务场景高度抽象的算法簇 API，按照算法分类进行划分，针对同一类算法的能力进行封装，解决的是注智场景的典型化问题。同时也是解决数据科学家和业务专家业务沟通的共同话语层。平台将具体复杂的业务场景，抽象为解决某一类问题的算法簇，然后再从具体的基础算法中抽取和选择最为合适的 AI 算法。

12.3.3　AI能力生产方式

按照 AI 民主化的理念，AI 平台需要满足不同群体的使用需求，不仅包括精通人工智能算法的数据科学家和开发者，也包括面向一线业务需求的业务专家。因此，AI 平台需要面向不同层次用户提供针对性的建模方式，实现数据挖掘的全过程均可视、可控，直观的创建、使用以及管理，提供完善的可视化功能，降低平台使用门槛，提升 AI 平台使用效率。

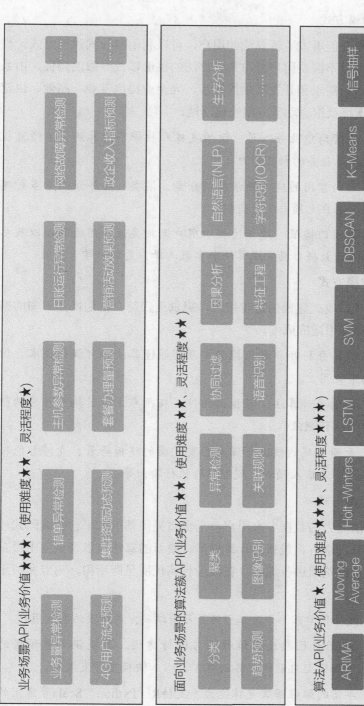

图 12-4　面向不同开发应用场景的 API 算法体系

（1）向导式建模方式

针对业务能力很强但不太了解算法的用户，可以利用向导式建模方式一步步引导用户建立模型，不需要用户参与具体算法的挑选以及参数的调优，由系统自动完成，实现市场需求和开发落地的同步，为企业提供专业、高效、快速的机器学习能力，支撑数据驱动型应用快速落地。

✓ 面向人群：运营商中业务人员、运维支撑人员等不懂算法、不懂可视化技术，但精通业务的初级用户。

✓ 建模需求：面向常用的建模场景提供分类、聚类、时序预测等多种建模情景框架，用户无须自定义流程。

✓ 功能特点：使用门槛低。建模过程中用户无须关注使用的算法以及参数，由机器根据数据自动完成算法和参数选择，更加科学、高效。

（2）拖曳式建模方式

针对原来习惯于拖曳式建模的进阶用户，提供更为符合他们操作习惯的拖曳式建模，降低产品使用适应成本。

✓ 面向人群：数据分析师、数据挖掘工程师等懂算法和可视化技术，但不会编码的中级用户。

✓ 建模需求：提供多种算法、可视化组件，在画布上通过拖曳相应的组件自定义建模、预测流程。

✓ 功能特点：无须编码的情况下满足各类复杂的建模场景，支持智能辅助建模，支持多表输入预测、模型串行执行输出等。

（3）编码式建模方式

对于有一定算法能力的数据专家用户，平台需提供基于云平台的编码式建模方式，集成多种开发语言、最新的计算框架、最新的算法包以及企业中最全的数据源，用户通过浏览器进行编码，在线运行调优所见即所得，为专家级用户提供最佳的开发体验。

✓ 面向人群：数据科学家、算法工程师等习惯编码方式建模的高级用户。

✓ 建模需求：使用自己熟悉的编程语言进行建模，并提供大量预置的SDK算法包（如模型自动优化算法包），以加快模型开发效率。

✓ 功能特点：丰富的编程语言支撑能力。支持R、Python、Scala等常用的编程语言，并可根据需求进行快速扩展。

12.3.4　AI能力输出方式

5G 时代，AI 平台必须能够提供云边协同的 AI 能力输出方式，支撑万物智联时代云边协同的注智需求场景。其中，中心智能主要负责基于大数据云平台提供的海量样本数据，通过中心 AI 提供的算法、算力，完成边缘智能本地软件所需的 AI 模型集中训练，并通过边缘智能管理套件完成 AI 模型下发。而边缘智能则通过 AI 能力的注入，结合对边缘数据的实时采集、实时处理，在边缘完成业务的决策和行动。

图 12-5 所示是一个典型的通过云边协同完成边缘注智的业务场景。

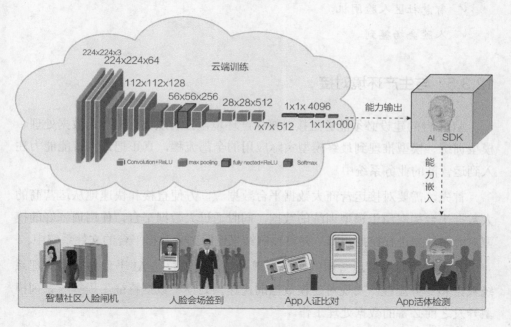

图 12-5　基于云边协同的人脸识别应用

（1）云端训练 AI 模型

在 AI 平台的云端，通过对大量人脸照片通过深度学习进行训练，不断地训练和优化过程，形成一个可用于进行直接预测的人脸识别模型，并以 AI SDK 的方式，嵌入到需要进行 AI 注智的边缘设备中。

（2）AI SDK

通过 AI 能力离线化推动边缘智能的发展，精简的模型依然拥有高效、高精度的特点。

（3）全面赋能硬件设备

AI SDK 能够快速高效地给边缘设备和产品带来 AI 赋能，驱动和支撑边缘设备做出决策和行动。

（4）应用场景

广泛应用于以下的业务场景：

- ✓ 行车记录仪套牌识别。
- ✓ 无人机基站智能巡检。
- ✓ 智慧社区人脸闸机。
- ✓ 人脸会场签到。

12.3.5　与生产环境对接

AI 平台的建设必须能够直接对接生产环境，打通从数据提取、数据处理、模型训练、模型推理到最终模型实际应用的全部流程，真正把人工智能能力注入到运营商的业务系统中。

首先，需要对接运营商大数据平台数据源，方便直接和快速地从运营商的大数据平台提取用于模型训练的数据，同时通过大数据平台，使用训练好的模型对海量数据进行挖掘预测，并将预测结果返回到大数据平台的文件系统中。

其次，需要对接运营商的数据管理系统，通过拉通 AI 平台与数据管理系统数据和业务流程，实现对建模数据的快速预处理、数据特征工程等一系列模型开发之前必备的数据处理工作。

第三，AI 平台需要对接运营商的应用系统，比如运营商的营销系统，AI 平台通过直接提供数据挖掘预测结果，或者 Open API 的方式开放模型应用能力，为运营商的生产营销提供注智赋能。

第四，需要对接运营商的应用平台，助力运营商形成 AI 能力的应用生态，通过提供 API 等方式开放模型应用能力，为运营商引入的其他 AI 应用提供模型的执行、预测、输出结果等服务。

第五，AI 平台需要支持模型训练、应用过程解耦，将模型应用部署流程与模型训练流程分离，从而能够灵活适配不同的模型应用场景，对接多个第三方模型使用系统。

12.4　AI 平台建设的技术设计

（1）微服务架构设计

AI 平台的架构需采用微服务架构设计，集成开发所需的软件、驱动以及调用的算法包、计算框架，能够快速地横向扩展计算资源、算法包等。业务功能的开发使用微服务完成，同时将每一个后台服务开放为一个 API，后台服务之间通过 API 进行通信，所有服务开发完成后，用过 API gateway 聚合后台服务开放给客户端，方便客户端进行 AI 能力的调用。

（2）多计算引擎

5G 时代的 AI 平台，需要及时和高效地为各种复杂的业务场景进行注智赋能，因此要求 AI 平台计算引擎的设计需要支持在容器平台、Spark 以及 GPU 上执行模型训练任务，根据不同算法的特性，选择最合适的计算引擎，最大限度地利用计算资源，支持弹性扩展；同时需要支持包括 TensorFlow、Spark 分布式计算框架，最大程度提升计算效率。

（3）高扩展性

为了支持 5G 时代 AI 平台复杂灵活的注智需求，AI 平台必须支持扩展升级，包括支持的开源算法包、计算框架、编码式建模支持的语言等软件资源，也包括 GPU、CPU 等硬件资源。

- ✓ 编程语言：需支持多种编译语言，并支持通过加载新的Kernel实现动态扩展。
- ✓ 计算框架和算法包：需支持Spark、TensorFlow、Caffe、Keras等多种计算框架，对于常用的计算框架和算法包，可通过插件式安装镜像的方式实现快速安装和更新。
- ✓ 计算资源：需支持以K8s集群的方式扩展CPU、GPU、内存和硬盘存储资源。

（4）稳定高效

5G 时代的 AI 平台必须是稳定高效的基于云的 AI 平台，支持分租户计算资源隔离、多计算框架、丰富的算法支持、集成的开发环境、支持 Docker 部署、All-in-one 的开发体验。

✓ 分布式部署：支持分布式部署计算引擎、自动负载均衡，提升任务的并发能力和执行效率。

✓ 分布式计算：支持包括TensorFlow、Spark分布式计算框架，最大程度提升计算效率。

✓ 多租户管理：支持多租户管理，集成模型开发所需的软、硬件以及网络环境，调用的算法包、计算框架等。

✓ 集中管理：需支持统一对模型、应用接口、数据进行集中管理，优化资源利用，减少重复工作。

（5）灵活部署

万物智联的 5G 时代，存在着大量的云边协同注智的业务场景，对 AI 能力的提供提出了更高的要求，需要 AI 平台能够根据算力、算据和业务需求，提供灵活和弹性的 AI 引擎部署支撑。

参 考 文 献

[1] 张春飞，左铠瑞，汪明珠 . 5G 产业经济贡献 [R/OL]. 中国信息通信研究院，2019[2020-04-04]. http://www.caict.ac.cn/kxyj/caictgd/201903/t20190305_195539.htm.

[2] 中国三大运营商 2020 年将为 5G 投资 1803 亿元 [OL]. 经济观察报，2020[2020-04-21]. https://baijiahao.baidu.com/s?id=1662023986772299386&wfr=spider&for=pc.

[3] 知天下双创服务平台 . 权威解读：国家发展改革委初步界定"新基建"主要包括这三个方面 [OL]. 搜狐网，2020[2020-04-07]. https://www.sohu.com/a/389674354_198170.

[4] 中国信息通信研究院 . 5G 经济社会影响白皮书 [R/OL]. 2017[2020-04-14]. http://www.caict.ac.cn/kxyj/qwfb/bps/201804/t20180426_158438.htm.

[5] 远洋 . 德国 IPlytics：华为拥有 3147 项 5G 专利申请，全球第一 [OL]. IT 之家，2020[2020-04-18]. https://www.ithome.com/0/485/849.htm.

[6] 国务院 . 国务院关于印发新一代人工智能发展规划的通知 [国发〔2017〕35 号] [EB/OL]. 中 国 政 府 网，2017[2020-04-18]. http://www.gov.cn/zhengce/content/2017-07/20/content_5211996.htm.

[7] 亚信科技 . AI for 5G 技术演进书 [R]. 2019.

[8] Gartner. 2019 数据和分析技术十大趋势预测 [OL]. 搜狐网，2019[2020-04-18]. https://www.sohu.com/a/297547516_617676.

[9] 前瞻产业研究院 . 2020 年中国 5G 产业发展现状分析，华为、中兴稳居国内龙头地位 [OL]. 2020[2020-04-20]. https://bg.qianzhan.com/trends/detail/506/200602-48c89ffe.html.

[10] 戴华明 . 杨杰：从万物互联走向万物智联 [OL]. 凤凰网江苏，2018[2020-04-20]. http://js.ifeng.com/a/20180915/6884222_0.shtml.

[11] 张国圣，冯帆 . 从万物互联到万物智联的质变 [N/OL]. 光明日报，2018-5-27[2020-05-18]. http://epaper.gmw.cn/gmrb/html/2018-05/27/nw.D110000gmrb_20180527_4-05.htm.

[12] 边缘计算产业联盟 (ECC) 与工业互联网产业联盟 (AII) 联合发布 . 边缘计算与云计算协同白皮书 [R]. 2018.

[13] 中科院计算机网络信息中心信息化发展战略与评估中心与中科院计算技术研究所信息技术战略研究中心联合发布 . 边缘计算技术研究报告 [R]. 2018.

[14] 林雪萍 . 社会 5.0 超越工业 4.0 ？ | 日本新革命浪潮 [OL]. 搜狐网，2016-9-20[2020-05-21]. http://www.sohu.com/a/114690115_403191.

[15] IMT-2020(5G) 推进组 . 5G 概念白皮书 [R]. 2015.

[16] 华为，中国电信，国家电网 . 5G 网络切片使能智能电网 [R]. 2019.

[17] IMT-2020(5G) 推进组 . 基于 AI 的智能切片管理与协同白皮书 [R]. 2019.

[18] 周恒，等 . 一种 5G 网络切片的编排算法 [J]. 西安：西安邮电大学通信与信息工程学院，2017.

[19] 尤肖虎，潘志文，高西奇，等 . 5G 移动通信发展趋势与若干关键技术 [J]. 中国科学：信息科学，2014(5): 551-563.

[20] PRIES R, MORPER H J, GALAMBOSI N, et al. Network as a service-a demo on 5G Network slicing[C]//2016 28th Interna- tional Teletraffic Congress (ITC 28), Sept 12-16, 2016, Würzburg, Germany. New Jersey: IEEE Press, 2016: 209-211.

[21] GIANNOULAKISI, KAFETZAKIS E, XYLOURIS G, et al. On the applications of efficient NFV management towards 5G networking[C]//2014 1st International Conference on 5G for Ubiquitous Connectivity (5GU), Nov 26-28, 2014, Akaslompolo, Finland. New Jersey: IEEE Press, 2014: 1-5.

[22] KSENTINI A, BAGAA M, TALEB T. On using SDN in 5G: the controller placement problem[C]//GLOBECOM 2016, IEEE Global Communications Conference, Exhibition and Industry Forum, December 4-8, 2016, Washington, USA. New Jersey: IEEE Press, 2016: 1.

[23] ZHANG J, XIE W, YANG F. An architecture for 5G mobile network based on SDN and NFV[C]//6th International Confe- rence on Wireless, Mobile and Multi-Media (ICWMMN 2015), Nov 20-23, 2015, Beijing, China. New Jersey: IEEE Press, 2015: 87-92.

[24] DEMESTICHAS P, GEORGAKOPOULOS A, KARVOUNAS D, et al. 5G on the horizon: key challenges for the radio-access network[J]. IEEE Vehicular Technology Magazine, 2013, 8(3): 47-53.

[25] NAKAO A, DU P, KIRIHA Y, et al. End-to-end network slicing for 5G mobile networks[J]. Journal of Information Processing, 2017(25): 153-163.

[26] OpenFlow[C]//2012 IEEE 13th International Conference on High Performance Switching and Routing (HPSR), June 24-27, 2012, Belgrade, Serbia. New Jersey: IEEE Press, 2012: 210-214.

[27] 吴一娜 . 基于切片划分的网络资源控制机制的研究与实现 [D]. 南京：东南大学，2016.

[28] KENNEDY J. Particle swarm optimization[M]//Encyclopedia of machine learning. New York: Springer US, 2011: 760-766.

[29] DEB K, PRATAP A, AGARWAI S, et al. A fast and elitist multiob- jective genetic algorithm: NSGA-II[J]. IEEE Transactions on Evo- lutionary Computation, 2002, 6(2): 182-197.

[30] NGMN. 5G white paper[R]. 2015.

[31] JAIN S, KUMAR A, MANDAL S, et al. B4: Experience with a globally-deployed software defined WAN[J]. Computer Com- munication Review, 2013, 43(4): 3-14.

[32] SAMA M R, AN X, WEI Q, et al. Reshaping the mobile core network via function decomposition and network slicing for the 5G era[C]//2016 Wireless Communications and Networking Conference Workshops (WCNCW), 2016: 90-96.

[33] MEDINA A, TAFT N, SALAMATIAN K, et al. Traffic matrix estimation: existing techniques and new directions[J]. ACM SIGCOMM Computer Communication Review, 2002, 32(4): 161-174.

[34] SOULE A, LAKHINA A, TAFT N, et al. Traffic matrices: balanc- ing measurements, inference and modeling[C]//ACM SIGME- TRICS Performance Evaluation Review, June 6-10, 2005, Banff, Alberta, Canada. New York: ACM Press, 2005: 362-373.

[35] 中国移动边缘计算开放实验室. 中国移动边缘计算技术白皮书 [R]. 2019.

[36] 云计算开源产业联盟. 云计算与边缘计算协同九大应用场景 [R]. 2019.

[37] Zhenbo Xu, Wei Yang, Ajin Meng. Towards End-to-End License Plate Detection and Recognition: A Large Dataset and Baseline [R]. ECCV, 2018.

[38] Sharma, Shree Krishna, Xianbin Wang. Live data analytics with collaborative edge and cloud processing in wireless IoT networks [C]. IEEE Access, 2017(5): 4621-4635.

[39] Pipei Huang, Gang Wang, Shiyin Qin. Boosting for transfer learning from multiple data sources. Pattern Recognition Letters[R]. 2012, 33(5):568–579.

[40] Maryam Sultana, Arif Mahmood, Thierry Bouwmans et al. Complete Moving Object Detection in the Context of Robust Subspace Learning [J]. IEEE/CVF International Conference on Computer Vision Workshop, 2019.

[41] GSMA. NB-IoT 商业化案例研究中国移动、中国电信和中国联通如何支持数千万物联网设备 [R]. 2019.

[42] 刘鹏. 5G 风口来临专家热议行业走向抢占经济先机 [OL]. 中国新闻网, 2019[2020-05-28]. http://www.chinanews.com/cj/2019/05-28/8849823.shtml.

[43] 许立群，尹少春 . 5G 时代新量纲计费模式探讨研究 [J]. 网络空间安全，2019, 10(5)：1-5.

[44] 阿迷 . 中国移动新任董事长杨杰：将实施 5G ＋计划，改变 4G 单一计费模式 [OL]. IT 之家，2019-3-21[2020-06-18]. https://www.ithome.com/0/415/559.htm.

[45] 人民邮电报 . 中国电信副总经理刘桂清：5G 发牌是落实网络强国和 5G 引领发展战略的重要里程碑 [OL]. 搜狐网，2019-6-10[2020-06-18]. http://www.sohu.com/a/319028001_354877.

[46] 亚信科技 . AISWare 5G 场景计费技术白皮书 [R]. 2019.

[47] 运营商财经网 . 三大运营酝酿 5G 计费模式取消不限流量套餐呼声高 [OL]. 腾讯网，2019-7-20[2020-06-22]. https://new.qq.com/omn/20190726/20190726A05EU500.html.

[48] 张登银，李正，程春玲 . 基于 SLA 的下一代网络计费方法 [J]. 计算机应用研究，2009, 7(26).

[49] 魏永维 . 浅析计费欺诈的成因与防范 [J]. 通信管理与技术，2017(5)：1-3.

[50] 林凌峰，胡访宇，王培康 . 移动通讯计费中的反欺诈技术 [J]. 电讯技术，2000(1)：1-5.

[51] Iglesias, Felix, Zseby et al. Analysis of network traffic features for anomaly detection [J]. Machine Learning, 2014,1(26) .

[52] Haytham Assem, Bora Caglayan, Teodora Sandra Buda et al. ST-DenNetFus: A New Deep Learning Approach for Network Demand Prediction [J]. European Conference, ECML PKDD.2018.

[53] He Hongwei, Du Xianjun. QoE Management: Telecom Services and the Transition to an Experience Economy [OL]. ZTE, 2012[2020-06-25], https://www.zte.com.cn/global/about/magazine/zte-technologies/2012/3/en_578/307247.

[54] 邱倩琳，黄亚洲，黄艳福 . 基于客户感知的业务质量指标体系的建立及应用研究 [J]. 邮电设计技术，2016(5)：29-36.

[55] 宋利 . 机器学习在 QoE 中的应用实践 [R]. RTC 2018 实时互联网大会 , 2018.

[56] 谢雪梅，董欣 . 基于神经网络的客户感知网络质量评估体系研究 [EB/OL]. 北京：中国科技论文在线 [2020-06-21]. http://www.paper.edu.cn/releasepaper/content/201508-123.

[57] P V Klaine, M A Imran, O Onireti et al. A survey of machine learning techniques applied to self-organizing cellular networks [C]. IEEE Communications Surveys and Tutorials, 2017,19(44): 2392-2431.

[58] Ong Phaik-Ling, Choo Yun-Huoy, Kamilah Muda et al. A manufacturing failure root cause analysis in imbalance data set using PCA weighted association rule mining[J]. Jurnal

Teknologi, 2015,77(18) .

[59] P Gogoi, R Das, B Borah et al. Efficient rule set generation using rough set theory for classification of high dimensional data [J]. IJSSAN, 2011.

[60] 周志华 . 机器学习 [M]. 北京：清华大学出版社 , 2016.

[61] 出国留学网 . 如何理解三去一降一补 [OL]. 出国留学网 , 2016-5-27[2020-06-30]. http://www.liuxue86.com/a/2791139.html.

[62] 腾讯云 . 秒懂的 RPA 技术发展路线图 [OL]. 腾讯云 , 2018-2-18[2020-06-30]. https://cloud.tencent.com/developer/news/109453.

[63] GSMA. AI in Network 智能自治网络案例报告 [R]. 2019.

[64] 高效运维社区 AIOps 标准工作组 . 企业级 AIOps 实施建议白皮书 [R]. 2018.

[65] ZhiHua Zhou. Learnware: on the future of machine learning [J]. Frontiers of Computer Science, 201610(4): 589–590.

[66] Daniel Gibert. Convolutional Neural Networks for Malware Classification[J]. Thesis, 2016.

[67] Quamar Niyaz, Weiqing Sun, Ahmad Y Javaid et al. A Deep Learning Approach for Network Intrusion Detection System [C]. IEEE Transactions on Emerging Topics in Computational Intelligence, 2018.